肉羊健康高效养殖环境手册

张恩平　杨雨鑫◎主编

中国农业出版社
北　京

内 容 简 介

　　舍饲养殖已成为我国肉羊产业发展的新业态，舍饲环境对肉羊健康和生产性能有重要影响。本书介绍了我国肉羊养殖的主要羊舍类型及其特点，重点阐述了密闭羊舍温热环境、光照、有害气体和饲养密度对肉羊健康与生产的影响，集成"十三五"国家重点研发计划"畜禽重大疫病防控与高效安全养殖综合技术研发"专项"养殖环境对畜禽健康的影响机制研究"项目"肉牛肉羊舒适环境的适宜参数及限值研究"课题研究成果和相关国家、地方标准，给出了肉羊舍饲养殖舒适环境的适宜参数及限值。并以肉羊养殖企业为案例介绍了羊舍环境控制的常用技术和方法。

丛书编委会

主任委员： 杨振海（农业农村部畜牧兽医局）

李德发（中国农业大学）

印遇龙（中国科学院亚热带农业生态研究所）

姚　斌（中国农业科学院北京畜牧兽医研究所）

王宗礼（全国畜牧总站）

马　莹（中国农业科学院北京畜牧兽医研究所）

主　编： 张宏福（中国农业科学院北京畜牧兽医研究所）

林　海（山东农业大学）

编　委： 张宏福（中国农业科学院北京畜牧兽医研究所）

林　海（山东农业大学）

张敏红（中国农业科学院北京畜牧兽医研究所）

陈　亮（中国农业科学院北京畜牧兽医研究所）

赵　辛（加拿大麦吉尔大学）

张恩平（西北农林科技大学）

王军军（中国农业大学）

颜培实（南京农业大学）

施振旦（江苏省农业科学院畜牧兽医研究所）

谢　明（中国农业科学院北京畜牧兽医研究所）

杨承剑（广西壮族自治区水牛研究所）

黄运茂（仲恺农业工程学院）

臧建军（中国农业大学）

孙小琴（西北农林科技大学）

顾宪红（中国农业科学院北京畜牧兽医研究所）

江中良（西北农林科技大学）

赵茹茜（南京农业大学）

张永亮（华南农业大学）

吴　信（中国科学院亚热带农业生态研究所）

郭振东（军事科学院军事医学研究院军事兽医研究所）

本书编写人员

主　　编：张恩平（西北农林科技大学）

　　　　　杨雨鑫（西北农林科技大学）

副 主 编：史彬林（内蒙古农业大学）

　　　　　姚　　刚（新疆农业大学）

参　　编（按姓氏笔画排序）：

　　　　　马雪连（新疆农业大学）

　　　　　宋宇轩（西北农林科技大学）

　　　　　周广琛（西北农林科技大学）

　　　　　赵红琼（新疆农业大学）

　　　　　徐元庆（内蒙古农业大学）

　　　　　黄晓瑜（西北农林科技大学）

序

一

畜牧业是关系国计民生的农业支柱产业，2020年我国畜牧业产值达4.02万亿元，畜牧业产业链从业人员达2亿人。但我国现代畜牧业发展历程短，人畜争粮矛盾突出，基础投入不足，面临"养殖效益低下、疫病问题突出、环境污染严重、设施设备落后"4大亟需解决的产业重大问题。畜牧业现代化是农业现代化的重要标志，也是满足人民美好生活不断增长的对动物性食品质和量需求的必由之路，更是实现乡村振兴的重大使命。

为此，"十三五"国家重点研发计划组织实施了"畜禽重大疫病防控与高效安全养殖综合技术研发"重点专项（以下简称"专项"），以畜禽养殖业"安全、环保、高效"为目标，面向"全封闭、自动化、智能化、信息化"发展方向，聚焦畜禽重大疫病防控、养殖废弃物无害化处理与资源化利用、养殖设施设备研发3大领域，贯通基础研究、共性关键技术研究、集成示范科技创新全链条、一体化设计布局项目，研究突破一批重大基础理论，攻克一批关键核心技术，示范、推广一批养殖提质增效新技术、新方法、新模式，推进我国畜禽养殖产业转型升级与高质量发展。

1

养殖环境是畜禽健康高效生长、生产最直接的要素，也是"全封闭、自动化、智能化、信息化"集约生产的基础条件，但却是长期以来我国畜牧业科学研究与技术发展中未予充分重视的短板。为此，"专项"于2016年首批启动的5个基础前沿类项目中安排了"养殖环境对畜禽健康的影响机制研究"项目。旨在研究揭示畜禽舍温热、有害气体、光照、群体密度、空气颗粒物气溶胶5类主要环境因子及其对畜禽生长、发育、繁殖、泌乳、健康影响的生物学机制，提出10种主要畜禽高密度养殖环境参数及其多元化控制模型，为我国不同气候生态区安全、高效养殖畜禽舍建设、环境控制提供依据，支撑"全封闭、自动化、智能化、信息化"养殖方式发展重大需求。

以张宏福研究员为首席科学家，由36个单位、94名骨干专家组成的项目团队，历时5年"三严三实"攻坚克难，取得了一批基础理论研究成果，发表了多篇有重要影响力的高水平论文，出版的《畜禽环境生物学》专著填补了国内外在该领域的空白，出版的"畜禽健康高效养殖环境手册"丛书是本专项基础前沿理论研究面向解决产业重大问题、支撑产业技术创新的重要成果。该丛书包括：猪、奶牛、肉牛、水牛、肉羊（绵羊、山羊）、蛋鸡、肉鸡、肉鸭、蛋鸭、鹅共11种畜禽的10个分册。各分册针对具体畜种阐述了现代化养殖模式下主要环境因子及其特点，提出了各环境因子的控制要求和标准；同时，图文并茂、视频配套地提供了先进的典型生产案例，以增强图书的可读性和实用性，可直接用于指导"全封闭、自动化、智能化、信息化"养殖场舍建设和环境控制，是畜牧业转型升级、高质量发展所急需的工具书，填补了国内外在畜禽健康养殖领域环境控制图书方面的空白。

"十三五"国家重点研发计划"养殖环境对畜禽健康的影响机制研究"项目聚焦"四个面向"，凝聚一批科研骨干，带动畜禽环境科学研究，是专项重要的亮点成果。但养殖场舍环境因子的形成和演变非常复杂，养殖舍环境因子对畜禽生产、健康乃至疫病防控的影响至关重要，多因子耦合优化调控还需要解决一系列技术经济工程难题，环境科学也需要"理论—实践—理论"的不断演进、螺旋式上升发展。因此，希望国家相关科技计划能进一步关注、支持该领域的持续研究，也希望项目团队能锲而不舍，抓住畜禽健康养殖和重大疫病防控"环境"这个"牛鼻子"继续攻坚，为我国畜牧业的高质量发展做出更大贡献。

陈焕春

2021 年 8 月

序二

　　畜牧业是关系国计民生的重要产业，其产值比重反映了一个国家农业现代化的水平。改革开放以来，我国肉蛋奶产量快速增长，畜牧业从农村副业迅速成长为农业主导产业。2020年我国肉类总产量7 639万t，居世界第一；牛奶总产量3 440万t，居世界第三；禽蛋产量3 468万t，是第二位美国的5倍多。但我国现代畜牧业发展时间短、科技储备和投入不足，与发达国家相比，面临养殖设施和工艺水平落后、生产效率低、疫病发生率高、兽药疫苗用量较多等影响提质增效的重大问题。

　　养殖环境是畜禽生命活动最直接的要素，是畜禽健康高效生产的前置条件，也是我国畜牧业高质量发展的短板。2020年9月国务院印发的《关于促进畜牧业高质量发展的意见》中要求，加快构建现代养殖体系，制定主要畜禽品种规模化养殖设施装备配套技术规范，推进养殖工艺与设施装备的集成配套。

　　养殖环境是指存在于畜禽周围的可以直接或间接影响畜禽的自然与社会因素的集合，包括温热、有害气体、光、噪声、微生物等物理、化学、生物、群体社会诸多因子，以及复杂的动态变化和各因子间互作。同时，养殖业高质量发展对环境的要求也越来越高。因此，畜禽健康高效养殖环境诸因子的优化耦合控制不仅是重大的生产实践难题，也是深邃的科学研究难题，需要实践—理论—实践的螺旋式发展，不断积累丰富、不断提升完善。

"十三五"国家重点研发计划"畜禽重大疫病防控与高效安全养殖综合技术研发"专项将"养殖环境对畜禽健康的影响机制研究"列入基础前沿类项目（项目编号：2016YFD0500500)，并于2016年首批启动。旨在研究揭示畜禽舍温热、有害气体、光照、群体密度、空气颗粒物气溶胶5类主要环境因子，以及影响畜禽生长、发育、繁殖、泌乳、健康的生物学机制，提出11种主要畜禽高密度养殖环境参数及其多元化控制模型，为我国不同气候生态区安全、高效养殖畜禽舍建设、环境控制提供依据，支撑"全封闭、自动化、智能化、信息化"现代养殖方式发展的重大需求。项目组联合全国36个单位、94名专家协同攻关，历时5年，取得了一批重要理论和专利成果，发表了一批高水平论文，出版了《畜禽环境生物学》专著，制定了一批标准，研发了一批新技术产品，对畜牧业科技回归"以养为本"的创新方向起到了重要的引领作用。

"畜禽健康高效养殖环境手册"丛书是在"养殖环境对畜禽健康的影响机制研究"项目各课题系统总结本项目基础理论研究成果，梳理国内外科学研究积累、生产实践经验的基础上形成的，是本项目研究的重要成果。丛书的出版，既体现了重点研发专项一体化设计、总体思路实施，也反映了基础前沿研究聚焦解决产业重大问题、支撑产业创新发展宗旨。丛书共 10 个分册，内容涉及猪、奶牛、肉牛、水牛、肉羊（绵羊、山羊）、蛋鸡、肉鸡、肉鸭、蛋鸭、鹅共 11 种畜禽。各分册针对某一畜禽论述了现代化养殖模式、主要环境因子及其特点，提出了各环境因子的控制要求和标准，力求"创新性、先进性"，希望为现代畜牧业的高质量发展提供参考。同时，图文并茂、视频配套的写作方式及先进的典型生产案例介绍，增加了丛书的可读性和实用性。但不同畜禽高密度养殖的生产模式、技术方向迥异，特别是肉牛、肉羊、奶牛、鹅等畜种不适宜全封闭养殖。因此，不同分册的体例、内容设置需要考虑不同畜禽的生产养殖实际，无法做到整齐划一。

丛书出版是全体编著人员通力协作的成果，并得到了华沃德源环境技术（济南）有限公司和北京库蓝科技有限公司的友情资助，在此一并表示感谢！

尽管丛书凝聚了各编著者的心血，但编写水平有限，书中难免有错漏之处，敬请广大读者批评指正。

我们期望丛书的出版能为我国畜禽健康高效养殖发展有所裨益。

丛书编委会

2021年春

　　中国是世界第一养羊大国，羊存栏量、出栏量和羊肉产量均居世界第一。随着中国社会经济的发展和国家禁牧、休牧等草原生态保护政策的实施，肉羊舍饲养殖将成为我国肉羊产业发展的新增长点。

　　舍饲环境对肉羊健康和生产性能有重要影响。环境因子如温度、湿度、有害气体、光照、颗粒物和空气微生物及饲养密度等的变化超过一定范围会引起肉羊应激反应，降低肉羊生产性能和羊肉质量。

　　环境因子通常相互联系、相互影响、综合作用，研究养殖环境对肉羊健康的影响机制及肉羊舍饲适宜环境参数对于集约化、标准化肉羊养殖具有重要的指导意义。

　　在"十三五"国家重点研发计划"畜禽重大疫病防控与高效安全养殖综合技术研发"专项"养殖环境对畜禽健康的影响机制研究"项目"肉牛肉羊舒适环境的适宜参数及限值研究"课题（2016YFD0500508）资助下，立足我国肉羊生产现状和产业发展趋势，课题组研究提出了肉羊舍饲适宜环境参数，同时总结前人研究成果，编写本书，旨在为肉羊圈

1

舍建设、科学饲养管理、环境控制及其设施设备研发、生物安全体系构建提供技术支撑。

本书介绍了温热环境、光照、有害气体和饲养密度及其交互作用和组合效应对肉羊健康与生产的影响，给出了肉羊舍饲养殖舒适环境的适宜参数及限值。

温热环境因子包括温度、湿度、风速等，其中温度是最重要的温热因子。温热环境因子主要影响肉羊机体热平衡与热调节，适宜温度有利于充分发挥肉羊生产性能。一般来说，温度适宜时，湿度对体热调节的影响相对较小，但相对湿度过大会加重高温或低温对羊的应激和危害。

羊舍内空气质量主要取决于空气中氨气、硫化氢、二氧化碳、颗粒物的含量，微生物通常附着在颗粒物上发挥作用，其含量过高会对羊的健康和生产带来损害。通常情况下，通过通风换气降低舍内有害气体含量，也可通过精准营养降低粪尿中碳、氮排放，减少有害气体的产生。

光照作为舍饲环境的重要因素之一，直接影响肉羊的生物节律、行为表现和整体活动，进而影响肉羊的生产、健康状态以及动物福利等。应根据肉羊生理阶段需求采取合理的光照度和光照周期。

　　肉羊的饲养密度因气候、品种、年龄、生长与生产阶段不同而变化。不同养殖标准（如常规养殖、福利养殖和有机养殖等）对养殖密度的要求也不尽相同。

　　为了便于指导肉羊养殖生产，本书参考相关国家、行业、地方标准，结合前人和项目研究成果制定了肉羊适宜温热环境和有害气体限制标准。

　　本书写作时力求做到语言精练，内容全面，技术指标科学可靠，具有可读性和对肉羊养殖生产的指导性。但限于作者水平和能力，本书不足之处在所难免，敬请读者批评指正。

编者

2021 年 6 月

目
录

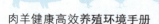

第四章　肉羊饲养光照环境 /59

第五章　肉羊饲养密度与动物福利 /81

第一章
羊舍类型与舍饲环境因子概述

养殖环境对肉羊健康和生产性能有重要影响。舍饲条件下，可以通过人工控制和调节羊舍内环境因子，降低环境变化引发的应激反应，提高肉羊健康状况和生产性能。

第一节　羊舍类型

在我国，舍饲养殖的羊舍类型非常丰富。例如，在南方因气候湿润多雨，多采用木质吊楼式羊舍，圈舍要求通风、防暑；在北方寒冷干燥，多采用平地饲养，圈舍要求保暖、御寒。通常根据羊舍建筑封闭的严密程度，将羊舍分为封闭舍、半开放舍、开放舍，再根据羊舍内羊床（圈栏）的排布，分为单列式、双列式和多列式。

一、封闭舍

封闭舍是指上有屋顶遮盖，四周有墙壁保护，依靠人工或者门、窗进行通风换气、采光的圈舍。封闭舍可分为单列封闭舍、双列封闭舍和多列封闭舍。封闭舍最主要优点是与周围环境隔离，人工控制舍内环境能力较强，可使舍内保持较为舒适的温湿环境，抵御外界不良环境因素的影响。

（一）单列封闭舍

单列封闭舍指舍内只设一排羊床。饲养种羊的羊舍，通常外设运动场，运动场设在羊舍的阳面。每个圈留有可开闭的小门与运动场相连。这种羊舍跨度小，易建造，羊舍运动场都在阳面，有利于采光和羊日光浴。但由于饲喂通道仅供单列圈舍使用，羊舍单位建筑面积饲养密度较低。

（二）双列封闭舍

双列封闭舍指舍内设有两排羊床，通常采取头对头式饲养，两排羊床中间为饲喂通道。双列封闭舍通常采用双坡脊形屋顶（图 1-1）或拱形屋顶。双列封闭舍饲养繁殖母羊，一般要求羊舍外设运动场，每个圈舍留有小门供羊进出运动场。双列封闭舍的优点是可以共用饲喂通道，提高单位建筑面积饲养量，降低投料劳动量；缺点是有一侧运动场在阴面，影响羊晒太阳。

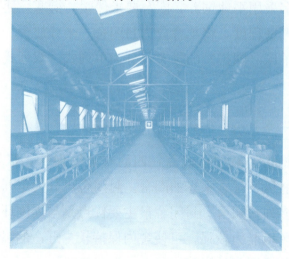

图 1-1　双坡屋顶双列密闭舍

（三）多列封闭舍

多列封闭舍指羊舍内设有两排以上羊床，羊床多采取头对头与尾对尾式相间排列，两排头对头羊床中间为饲喂通道（图1-2）。多列封闭舍通常采用大跨度双坡脊形屋顶或拱形屋顶，或多个双坡脊形屋顶或拱形屋顶相接。多列封闭舍一般不设舍外运动场，通常用于饲养肥育羊。多列封闭舍的优点是单位建筑面积饲养密度高，降低投料劳动量；缺点是没有运动场。

图1-2　多列封闭舍内部布局

二、半开放舍

半开放舍是指一面、两面或三面有墙，至少一面完全敞开，有部分顶棚的羊舍。通常采用东西走向，南面（阳面）敞开，仅用半截墙或围栏隔离。这类羊舍由于舍内空气流动性大，舍内外温差小，冷冬御寒能力较低，比较适合冬季不结冰地区。这类圈舍优点在于空气流通性好，没有有害气体蓄积问题，建设成本和运行成本相对封闭舍低。

（一）单列半开放舍

单列半开放羊舍只有一排圈栏，通常料槽、水槽设在围栏之外便于投料。单列半开放羊舍屋顶多采用单坡，也有平顶和双坡的（图1-3）。此类羊舍具有造价低、节省劳动力的优点；但冬季防寒效果不佳。

图1-3　单列半开放舍

（二）双列半开放舍

双列半开放羊舍内设两排圈栏，通常采取头对头式排列，中间为饲喂通道，料槽、水槽设在饲喂通道两侧的围栏之外。双列半开放羊舍屋顶通常采用双坡或平顶。双列半开放舍的优点是可以共用饲喂通道，提高单位建筑面积饲养量，降低投料劳动量；缺点是有一侧运动场在阴面，影响羊晒太阳。

半开放舍很少设置多列羊床。

三、开放舍

开放舍是指仅有顶棚和围栏，四面无墙的羊舍，也称为棚舍（图1-4）。也可根据羊舍排布分为单列、双列和多列式。开放舍因有屋顶可防止日晒雨淋，四周敞开可使空气流通，通常作为一种防止阳光直射的防暑设施。其特点是造价低、光线充足、通风良好，夏季可作为凉棚，雪雨天可以作为补饲的场所。这类羊舍适合在热带或温带地区，特别是冬季温暖地区。这类羊舍最显著的优点是通风性能好，建设成本低。

开放舍通常用于饲喂肥育羊或作为临时周转与放牧补饲场所。

图1-4　开放舍

第二节　肉羊舍饲环境因子及其影响

影响肉羊生存、生长、繁殖及健康生理状态的舍饲环境因子主要有光照、温度、湿度、气流、有害气体与饲养密度等。

一、温热环境因子

温热环境因子是指直接与动体热调节有关的外界环境因子的总和，它包括温度、湿度、气流速度和太阳辐射及其他热传递等因素。其中温度是最重要的温热环境因子。温热因素可以通过影响肉羊能量代谢和机体热平衡发生直接作用，也能通过影响寄生虫与微生物的生长和繁殖而间接对肉羊的健康和生产力发生作用。适宜的温热环境条件有利于肉羊保持良好的健康状态，降低热增耗，从而提高生产性能。

（一）温度

1. 温度对肉羊生产的影响 温度是影响肉羊健康和生产的首要温热环境因子。环境温度主要是通过改变机体热平衡来影响羊的健康状况和生产性能的。体温是动物机体稳态的重要生理指标，动物通过物理性调节（增加或减少散热）与化学性调节（增加或减少产热）来维持机体热平衡，从而保持体温相对恒定。过高或过低的环境温度会使机体散热和产热失调，引发动物热应激或冷应激，进而影响动物健康和生产性能。

2. 等热区 等热区是有关环境温度影响动物健康的一个重要概念，指恒温动物仅依靠物理性调节（即仅通过增加或减少散热）就可保持体热平衡和体温正常的环境温度范围。等热区范围最高温度称为上限临界温度，最低温度称为下限临界温度。

当环境温度低于下限临界温度，动物同时进行物理调节和化学调节，如仍不能保持体热平衡，则造成蓄积热减少，体温开始下降，动物代谢率下降，直至动物被冻死。

当环境温度高于上限临界温度，动物依靠增加散热不能维持体温恒定时，必须降低代谢率来减少产热，以维持体温恒定。在过热的刺激下，动物同时进行物理调节和化学调节仍不能保持体热平衡，则造成蓄积热增加，体温开始升高，动物代谢率增加，体内氧化作用加强，引起蛋白质和脂肪分解速率增加、产热量增加。部分营养物质氧化不彻底，代谢中产物在体内累积，引起中毒、氧化损伤和中枢神经系统紊乱。当哺乳动物体温升高到43～44℃，即进入昏迷状态，最后衰竭死亡。

环境温度与动物体热调节的关系见图1-5。

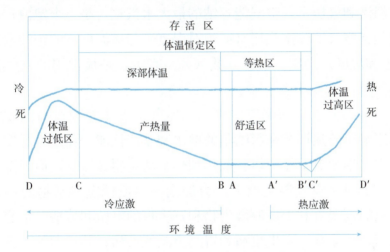

图1-5　环境温度与动物体热调节的关系
B为下限临界温度；B′为上限临界温度；
C为体温开始下降的温度；C′为体温开始上升的温度
（资料来源：郝景锋和于洪艳，2015）

3. 影响肉羊舍内温度的因素　在肉羊舍饲养殖生产中主要关注的是舍内温度。舍内温度受大气温度与羊舍类型和建筑材料保温性能的影响。开放舍的舍内温度基本与大气温度相近；封闭舍的舍内温度与羊舍围护结构材料的保温性能和饲养密度有关。羊舍建筑材料的绝热性能越强，舍内温度受大气温度的影响越小。其他条件相同时，饲养密度越大，舍内温度越高。羊舍内，水平方向通常中央处温度最高，四周较低；垂直方向，热气上升，冷气下沉，在顶

棚保温性能较好时，顶部温度一般高于地面温度。

（二）湿度

1. 湿度有关的概念　空气湿度是表示空气中水汽含量多少的物理量。常用一定温度下单位体积空气里含有的水汽量或相对饱和度来表示，有绝对湿度、相对湿度、饱和湿度等指标。绝对湿度是指单位体积空气中含有水汽的质量，单位为 g/m^3；饱和湿度指在一定温度和气压下，空气能容纳的最大水汽量，是一个定值；相对湿度是指空气实际水汽压（或绝对湿度）与该温度下的饱和水汽压（或饱和湿度）之比，以百分数（％）表示，是最常用的空气湿度指标。

2. 湿度对肉羊热调节的影响　空气湿度主要通过与温度共同作用影响羊的热调节来影响羊的健康和生产性能。在适宜温度条件下，空气湿度对羊体产热、散热和热平衡无明显影响，但当温度过高或过低时，空气湿度增大，会加剧高温或低温对动物的不良影响。高温高湿有利于病原微生物和寄生虫的繁殖和传播，羊容易感染细菌性传染病、寄生虫病和胃肠道系统疾病；羊长期处于低温高湿环境，易患各类呼吸道疾病和肌肉、关节的风湿性疾病。另外，高温高湿会影响母羊的正常发情，因此应避免在 6—7 月安排母羊配种。

3. 影响肉羊舍内湿度的因素　开放舍和半开放舍，由于舍内外空气对流畅通，因此羊舍内的空气湿度和舍外空气湿度相差不大。在封闭舍中，由于动物皮肤和呼吸道以及潮湿地面、粪尿、潮湿垫料等的水分蒸发，羊舍内空气的绝对湿度总是大于舍外。在冬季，因羊舍内温湿度均高于舍外，门窗玻璃上常因水汽凝结而出现水珠。

（三）气流

1. 气流有关的概念　气流是指某空间区域内的空气流动，自然界空气流动也称为风。气流的状态常用风速、通风量及风向来描述。风速是指单位时间内空气在水平方向上移动的距离，常用单位是 m/s。通风量是指单位时间内畜舍进入或排出的空气量，常用单位是 m³/h。风向是指气流流动的方向，自然界中风向是经常变化的，某一时期的风向常用风向频率来表示，出现频率较高的风向称为主风向。

2. 气流对肉羊热调节的影响　气流主要影响羊的对流散热和蒸发散热，其影响程度因风速、温度和湿度不同而有所差异。在适宜温度和低温条件下，随着风速增大，羊体对流散热量增大，而皮肤蒸发散热量反而减少，其原因是对流散热增加，降低了皮肤温度和水汽压，使皮肤的蒸发减少；当气流温度等于体表温度时，对流散热作用消失；在低温潮湿条件下，随着风速增加羊体对流散热量显著增大，使羊感到更冷。高温时增大风速，有助于动物体表蒸发散热。

3. 羊舍通风与换气　通风是改善羊舍气体与温热环境的重要技术措施。通风的主要目的是与舍外进行气体交换，从而调节舍内温度，增加舍内空气含氧量，排出舍内水汽、有害气体等。羊舍内外的空气可通过门、窗、通气口及各种缝隙孔洞进行自然交换，通常称之为自然通风，也可通过风机等设备进行强制通风。羊舍内，由于羊体散热使得热空气上升，上部气压大于舍外，下部气压小于舍外，因此在无机械设备强制通风的情况下，舍内热空气由上部开口流出，冷空气由下部开口进入。

羊舍通风通常与舍内温度控制协调进行。为维持羊的最佳生产状态，须在不同季节，针对不同生理阶段的羊群提供适宜的风速。

夏季应适当加大通风量；冬季为避免冷空气大量流入，羊舍通风换气不宜过于频繁，在满足舍内空气质量要求的前提下使用最小通风量。

（四）热辐射

热辐射是指物体由于具有温度而辐射电磁波的现象，是热量传递的三种方式之一。温度高于绝对零度的物体都能产生热辐射，温度越高，辐射的总能量就越大。物体在向外辐射散热的同时，还吸收从其他物体辐射来的能量。物体辐射或吸收的能量与它的温度、表面积、黑度等因素有关。羊舍内的热辐射源有阳光、羊舍墙壁与舍内设施设备及其他个体等。热辐射与其他热环境因素共同作用，通过影响羊体热平衡而影响健康状态和生产性能。

（五）热环境的综合评定

舍饲条件下，热环境因素（温度、湿度、气流、热辐射）对羊健康和生产性能的作用是综合的，各因素之间相辅相成或者相互制约。当某一因素发生变化时，为了保持动物的健康和生产力，就必须调整其他因素。在饲养环境控制中，既有主次之分，又要综合考虑，其中气温是各因素中的核心因素。

综合评定热环境的常用指标如下。

1. 温湿指数 温湿指数（temperature-humidity index，THI）是综合气温和气湿来评价炎热程度的指标。

温湿指数计算公式为：

$$THI = (1.8T_d + 32) - (0.55 - 0.55RH/100)$$
$$[(1.8T_d + 32) - 58]$$

式中，T_d 为干球温度（℃）；RH 为相对湿度（%）。

THI 数值越大表示热应激越严重。在羊生产上，当 THI≤75 代表温热环境适宜；75＜THI≤80 为轻度热应激水平；80＜THI≤85 为中等程度热应激水平；THI＞86 为严重热应激水平。

2. 有效温度 有效温度（effective temperature，ET）亦称实感温度或体感温度，是综合反映温度、湿度和气流三个主要温热因素对动物体热调节影响的指标。它是在人工控制的环境条件下，以人的主观感觉为基础制定的。

生理气候学家根据干球温度和湿球温度对动物体热调节的重要性进行加权，计算有效温度。

人：$ET = 0.15T_d + 0.85T_w$

牛：$ET = 0.35T_d + 0.65T_w$

猪：$ET = 0.65T_d + 0.35T_w$

鸡：$ET = 0.75T_d + 0.25T_w$

式中，T_d 为干球温度（℃）；T_w 为湿球温度（℃）。

可见皮肤蒸发作用越强，湿球温度影响权重越大。山羊可参考牛的有效温度计算公式，绵羊可参考鸡的有效温度计算公式。期望有研究者提出基于试验研究测定的山羊与绵羊的有效温度计算公式。

3. 风冷指数 风冷指数（wind chill index）是将气温和风速结合用来评价寒冷程度的一个指标。风冷却力计算公式为：

$$H = [(\sqrt{100v} + 10.45 - v)](33 - T_a) \times 4.18$$

式中，H 为风冷却力 [kJ/（m² · h）散热量]；v 为风速（m/s）；T_a 为气温（℃）。

风冷却力可以根据下式换算为无风时的冷却温度：

$$T = 33 - H/92.324$$

设计试验测定风冷温度和羊的生理指标变化可以建立羊的冷应激限值。

二、光照

（一）描述光照的参数

光照是肉羊舍饲养殖的重要环境因素之一，直接影响肉羊的生物节律、行为表现和整体活动，进而影响肉羊的生产、健康状态以及动物福利等。因此，依据肉羊的视觉和需求来给予合理的光照是十分必要的，光照常用光照度、光波长及光照时间等参数来描述。

（二）光照对肉羊生产的影响

羊在整个生命活动和生产过程中离不开光照。密闭舍通常主要采用自然光照＋人工光照的光照控制措施。密闭舍自然光照可通过调节窗户面积和在羊舍屋顶安装透明采光板方式进行调节。一般人工光照仅在冬季日落后补充 2～3h 以促进羊只采食。肉羊对光照具有季节性节律和昼夜节律，人工照明强度应以能够满足舍内所有羊看清饲料为标准；工作照明则以工人能够进行饲养管理操作为标准。舍饲条件下，通过全年均衡营养和适度光照控制，可实现母羊常年发情，安排"2 年 3 胎"或"3 年 5 胎"高频繁殖生产节律。

在绒山羊上，适当缩短光照时间可以促进绒毛生长。目前推广的光控增绒技术，就是在每年的 5 月 1 日至 10 月 15 日通过屏蔽自然光照，减少光照时间（绒山羊每天光照 6～7h）来促进绒毛生长，提高绒山羊产绒量。

生产中，常用红外线灯作为发热光源，安装于初生羔羊保温箱内。常用短波紫外线灯（波长小于 275nm）对空气和物体表面进行消毒。

三、气体

良好的空气质量对肉羊健康生长是必需的。在集约化养羊生产中，需要对影响空气质量的有害气体、微粒、微生物进行监测和控制。

（一）有害气体

羊舍外空气环境一般比较稳定。但由于羊的呼吸、排泄、生产中有机物分解等的影响，羊舍内空气成分与舍外差别较大，有害气体浓度较高。羊舍中的有害气体主要包括氨气、硫化氢、二氧化碳等。

1. 氨气　羊舍内氨气（NH_3）主要由粪、尿和饲料中的含氮物质分解产生。舍内氨气既危害羊的健康，羊场排放的氨气也对周边居民生活环境造成污染。羊舍内氨气浓度与羊舍的潮湿程度、封闭状况和通风性能等有关。羊舍封闭性好又通风不良时，由于水汽不易逸散，NH_3浓度升高。NH_3吸入呼吸系统后，刺激呼吸道黏膜，引起黏膜充血、肺水肿等；NH_3由肺泡进入血液后，可与血红蛋白结合成碱性高铁血红蛋白，降低血液运输氧气的能力；进入呼吸系统的NH_3还能引起中枢神经系统麻痹。因此，羊舍要通过及时清理粪尿、防止饲料腐败以及精准营养降低日粮非可利用 N 含量等措施来减少NH_3的产生。除此之外，可通过加强通风换气来降低舍内NH_3含量。

2. 硫化氢　在通风不良的密闭羊舍，如粪尿清理不及时容易造成硫化氢（H_2S）浓度升高。H_2S比空气重，在靠近地面的羊床处浓度更高，羊极易受到刺激影响。H_2S遇黏膜水分很快分解，与黏膜上的钠离子结合生成硫化钠，产生强烈的刺激作用，引起眼

炎和呼吸道炎症，使患病羊出现畏光、流泪、咳嗽、鼻塞、气管炎甚至引起肺水肿等。长期处于低浓度的 H_2S 环境中，羊体质变弱、抗病力下降、增重缓慢。高浓度 H_2S 可直接抑制呼吸中枢，引起羊窒息死亡。

3. 二氧化碳 羊舍中二氧化碳（CO_2）主要来源于羊群的呼吸、尿素分解及粪便微生物厌氧降解等。CO_2 本身无毒害作用，舍内 CO_2 含量的卫生学的意义主要是作为羊舍通风状况和空气污浊程度的指标。羊舍内 CO_2 浓度升高，表明舍内通风换气量不足，其他有害气体含量也会增加。实际生产中，羊舍内高浓度 CO_2 会造成空气中氧含量下降，羊长期处于高浓度 CO_2 状态下易出现精神不振、食欲减弱、呼吸困难等症状，生产力降低，严重时可能引起肺气肿等呼吸系统疾病。

（二）微粒

1. 微粒的概念与分类 微粒指粒径小、分散悬浮在气态介质中的固体或液体粒子。在养羊生产中主要关注的微粒包括：总悬浮颗粒物（TSP）、可吸入颗粒物（PM_{10}）以及细颗粒物（$PM_{2.5}$）。总悬浮颗粒物是指悬浮在空气中、空气动力学当量直径 $\leqslant 100\mu m$ 的颗粒物；PM_{10} 指空气动力学当量直径 $\leqslant 10\mu m$ 的大气颗粒物，它们可以进入呼吸道；$PM_{2.5}$ 是指大气中直径 $\leqslant 2.5\mu m$ 的颗粒物，可进入机体肺部，亦称为可入肺颗粒物。

2. 空气中微粒含量的度量 空气中微粒的含量可用密度法和重量法来度量，密度法是指单位体积空气中的微粒数，一般用每立方米所含微粒个数表示（个/m^3）；重量法是指单位体积空气中所含微粒的毫克数，一般用 mg/m^3 表示。

3. 羊舍内微粒来源及其对肉羊生产的影响 羊舍内的微粒，一部分在养殖生产过程中产生，另一部分由外界气流带入。舍内颗粒物主要来源于羊的皮屑、被毛、羊粪、垫料以及饲料粉尘微粒等，生产管理过程中清扫地面、通风、清粪等都会引起羊舍空气中微粒浓度的升高。颗粒物落在羊体表，与汗腺、皮脂腺分泌物以及皮屑、微生物等混合在一起，可造成皮脂腺和汗腺管道堵塞，导致皮脂分泌受阻，造成皮肤感染，诱发皮炎；PM_{10} 和 $PM_{2.5}$ 可吸入呼吸道，引起人畜造成呼吸道疾病，进入肺部诱导肺泡细胞炎症反应，引起肺炎。与其他空气颗粒物相比，$PM_{2.5}$ 粒径小、面积大、活性强，易附带有毒、有害物质（如重金属、微生物等），危害性最大。$PM_{2.5}$ 能较长时间悬浮于空气中，其在空气中浓度越高代表空气污染越严重。微粒可作为有害气体和病原微生物物的载体，形成气溶胶进入动物体内而引发疾病和传播疫病。

（三）微生物

1. 羊舍微生物存在方式　羊舍内的微生物是影响肉羊健康与生产性能的一个重要因素。一方面羊舍中有机微粒多，空气流动缓慢，有利于微生物附着；另一方面羊舍中各种液滴、飞沫经过蒸发后形成滴核，微生物附着于滴核内，受到黏液与蛋白质的保护，可长期存在。此外，密闭羊舍内缺乏紫外线照射，温度和湿度适宜于微生物繁衍，因而羊舍内的微生物无论从种类上还是数量上都比舍外多，并可在空气中长期存在。

2. 羊舍微生物分类　羊舍微生物中，一类没有致病性，称为非病原微生物；另一类具有致病性，称为病原微生物。病原微生物主体要来自病羊。病羊咳嗽、打喷嚏时可喷出含有病原微生物的飞沫，带有病原微生物的分泌物和排泄物也随尘埃微粒进入空气中，羊吸入含有病原微生物的飞沫或微粒可引发疾病或疫病。

羊场可通过加强通风和定期消毒等措施，减少舍内空气中微生物的数量。

四、饲养密度

饲养密度是指羊在特定养殖空间范围内的密集程度，通常用平均每只羊占有的羊舍面积（m^2/只）或一定面积饲养羊的数量（只/m^2）来表示。舍内饲养时，羊的饲养密度应保持在适宜的范围内。饲养密度过小，一方面会降低圈舍的利用率，造成资源浪费，增加饲养成本；另一方面不利于舍内温度的维持。而饲养密度过大，则会增加羊群因为争夺活动空间与生活资源（饲料、饮水）而产生争斗的概率，诱发打架、啃毛等异常行为，造成群体生长发育不整齐，影响统一管理和集中出栏上市。此外，饲养密度过大也会造成舍内湿度、颗粒物和有害气体浓度增大，有利于病菌的繁殖与传播，降低羊的生产性能，增加疫病风险。

通常情况下，肉羊的适宜饲养密度为：成年繁殖母羊 1.5～2.0m^2/只；青年羊和肥育羊 0.8～1.0m^2/只；种公羊 4.0～6.0m^2/只。种公羊一般单圈饲养，以防止公羊之间争斗。

第三节 国内外肉羊舍饲养殖环境控制技术

视频 1

由于开放舍和半开放舍与外界环境大面积联通，羊舍主要起遮阳防雨和固定羊群饲喂与活动场所的功能。因此，肉羊舍饲环境控制如不做特殊说明，通常指密闭舍的环境控制。

视频 2

一、温热环境控制

羊体外全身被毛，且被毛的绵密程度可以随季节与气候温度的变化而改变，因此羊可适应较广范围的温热环境。温热环境控制主要是在寒冷的冬季进行保温和炎热的夏季采取防暑降温措施。

(一) 冬季保温

提高羊舍围护结构的保温性能和密封性能是改善羊舍冬季保暖，降低供暖成本，实现节能减排的根本措施。在北方冬季寒冷地区，羊舍墙体应使用砖混或夹心彩钢材料，屋顶、门窗等外围护结构应选择热阻值高的保温材料，并保证足够的厚度，提高围护结构的保温性能。通常情况下，羊舍冬季寒冷季节最低保证围护结构内表面温度高于露点温度，即保证围护结构内表面不结露。在寒冷地区单纯的建筑防寒无法达到羊群所需温度要求时，则需配套供暖系统。目前羊舍供暖通常采用以下几种方式。

1. 火炉供暖 冬季在羊舍内安置火炉，采用燃煤（天热气）火炉供暖，火炉连接烟筒将煤气排出舍外。这种供暖方式成本低，火炉在温暖季节可以移走，节省空间，在北部寒冷地区肉羊养殖场（户）广泛使用。其缺点是燃煤炉需要夜间加煤，影响饲养人员和羊群休息；舍内温度不均衡；燃煤炉尾气未做净化处理会对大气造成污染。

2. 暖器供暖 暖器供暖适用于集约化养羊场。羊场建设时在羊舍内安装暖器，暖气片通常安装在羊舍墙壁上，冬季开启锅炉对羊舍供暖。

3. 暖风供暖 暖风供暖最常见的是热风炉供暖方式，锅炉燃烧室燃烧煤炭、天然气、柴油等燃料产生热量，风机驱动气流经过红热炉膛被加热到 60～80℃，热风通过管道送入舍内供暖。暖风供暖的最大优点是供热的同时也能起到通风换气作用，能够解决冬季羊舍保温与通风之间的矛盾。

4. 保温箱供暖 保温箱供暖主要是对初生羔羊采取的局部供热保暖措施。由于初生羔羊和母羊对环境温度要求不一致，因此通常

在产房或哺乳母羊舍内设置保温箱，对羔羊采取局部供热保暖措施。保温箱通常采用木质或 PVC 材质，四周密闭，仅留一小门供羔羊出入，箱内安装红外线灯或铺设电热地板、电热辐射顶盖板作为热源。

（二）夏季降温

羊舍围护结构良好的隔热性能是实现舍夏季有效防暑降温的前提。增加屋顶绝热材料的厚度，以减少阳光照射屋顶传入舍内的热量。夏季极端炎热的气候条件下，通过加强自然通风仍不能满足舍内降温要求，可通过开启羊舍降温系统进行降温。参考猪、鸡和奶牛集约化养殖的降温设施，目前羊舍采用以下降温方式。

1. 湿帘降温　湿帘降温是目前畜舍广泛应用的降温设施。湿帘降温系统主要包括湿帘、水箱、水泵、管道、阀门等组件。湿帘降温是利用蒸发降温的原理，当室外热空气经过被水浸润的湿帘时，湿帘上的水分蒸发，以汽化热的形式吸收空气的热量，使空气中部分显热转化为潜热，从而使经过湿帘的空气温度降低，达到降低舍内气温的目的。

相较猪舍和鸡舍，羊舍密闭性通常不是很好，因此羊舍适宜采用冷风机以正压送风的方式将经过湿帘降温后的冷空气送入室内，并且可以使用管道送风至指定位置进行局部降温，可以配置相应的风管或排气扇，使冷风分配均匀。

湿帘降温在气候干热地区的使用效果好于湿热地区，空气相对湿度越小，降温幅度越大，适用于我国华北、华中、西南、东北大部分地区；但部分东南沿海地区，夏季相对湿度较高，湿帘降温效果较差。

2. 喷淋喷雾降温　喷淋喷雾降温属于蒸发降温，在集约化肉羊饲养中也有较多的应用。喷淋降温是在羊舍安装喷淋系统，依靠喷淋器喷出的水雾蒸发带走热量，达到降低舍内温度的目的。喷淋降温可以使室温降低 2～4℃，但增加了舍内湿度，适用于夏季干热的地区。

3. 空调降温　空调制冷是以压缩的制冷剂作为介质来冷却进入室内的空气，其优点是降温幅度较大并可根据需要设置空调温度。这种降温方式对羊舍密闭性和隔热性能要求较高，羊舍密闭性不好会严重影响降温效果。由于空调降温设备投入和运行成本较高，在肉羊肥育生产中应用较少，一般用于夏季气候湿热地区的种羊场，以保证种羊在炎热气候下保持正常的繁殖性能。

4. 水冷降温　水冷降温与地热供暖是近几年才出现的一种相对环保的畜舍控温技术。其工作原理是利用地下 15m 左右的低温浅层地下水作为冷源，由水泵将地下水送进风机盘管中，使盘管具有较低的表面温度，风机将热空气吹过盘管，以正压送风的方式把降温后的空气吹入羊舍内，实现舍内降温的目的。地下水经回水管道流入回流井，回灌到同一含水层中的地下水中。水冷降温设备投入低，节省电能，运行成本也较低。

二、通风换气

通风换气是羊舍环境控制的一个非常重要的方面，通风量、风速和通风换气频率除了影响舍内空气质量，还会直接影响舍内温度和湿度。羊舍内通风换气的原则是：在寒冷冬季，以保温为主，在保持舍内有害气体不超标的前提下，使用最小通风量；在炎热夏季，使用最大自然通风，保持空气流畅，降低舍内温度，必要时可采用机械通风。

（一）自然通风

自然通风时，由于羊舍内外空气存在气压差，以及舍内垂直方

向屋顶和地面存在气压差，舍内内外空气能够通过舍的门窗、通风屋脊等建筑物开口进行交换和流通。这种通风方式对羊舍的跨度有一定的要求，如果靠两侧沿墙的窗户进排气，无屋顶通风口时，跨度以 10m 内为宜，最大不得大于 12m。

在夏季或春秋季节较温暖的日子，通常采取自然通风，将羊舍侧墙窗户、卷帘、带有可调节挡板的风口或屋脊风口等全部打开，在风压或热压的作用下，室外的空气以一定风速从这些风口进入，在与舍内空气交换后从另一侧风口或屋顶风口排出，达到通风换气的效果。

（二）机械通风

当夏季舍外温度较高时，自然通风方式无法满足舍内通风兼防暑降温的需求，此时就需要机械辅助通风。按照舍内外气压差，机械通风可分为正压通风、负压通风和联合式通风；按照舍内气流流动方向又可分为横向通风、纵向通风等。

1. 负压通风　负压通风是指通过风机将羊舍内空气排出舍外，造成舍内空气压力低于舍外大气压，舍外空气在压力差作用下通过进气口自动进入舍内，在舍内形成定向、稳定的气流带。负压通风设备简单、投资少、管理费用较低，在羊舍中应用很普遍。根据排风口的位置和舍内气流走向一般分为横向负压通风、纵向负压通风等。

（1）纵向负压通风　是在羊舍一端山墙安装风机将舍内的空气排出，使舍内的气压低于舍外，舍外空气由另一端进风口流入舍内，达到通风换气的效果（图 1-6）。纵向负压通风的气流通过的截面积比横向通风的小，舍内风速大、通风效率高，气流分布均匀，减少了舍内通风死角并避免了羊舍间气流的交叉污染。但在冬季使用时，由于进风口集中、风速大，冷风容易对羊造成冷应激。

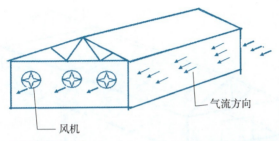

图1-6　纵向负压通风示意（上）与实景照片（下）

（2）横向负压通风　通常将风机安装在羊舍的一侧沿墙上，另一侧沿墙设进风口（图1-7）。当羊舍的跨度大于12m时，通风距离过长，容易造成通风不均匀、温差大的问题，可采用屋顶排风两侧墙壁进风或两侧墙壁排风屋顶进风的横向负压通风方式。与纵向负压通风相比，在相同通风量时横向负压通风气流通过的纵截面积大，舍内截面风速较低，在春秋季使用时其通风效果较好，冬季通风时对动物的冷应激相对小。

2. 正压通风　是指由羊舍一侧沿墙或一端山墙上安装风机，通过正压将舍外新鲜空气直接或间接（布置的送风管道）送入舍内的通风方式。根据风向可以分为横向正压通风和纵向正压通风。该通风方式可用于开放、半开放或封闭舍，其通风优点是可在进风口附加设备对流入的空气进行加热、冷却或过滤等预处理，从而有效

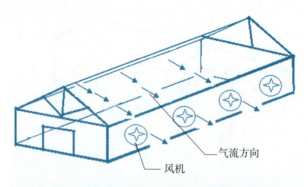

气流方向

风机

图 1-7　横向负压通风示意（上）与实景照片（下）

保证舍内的空气质量和适宜的温湿度；但不足之处是送风阻力相对较大，易存在通风死角，所需的运行成本及管理费用较高。

三、光照调控

1. 光照调控方式　光照是羊舍环境控制的重要因素之一。光照度和光照周期均会影响肉羊的生产性能和繁殖性能。大多数羊舍外连运动场，羊在运动场进行自然光照；不带运动场的羊舍，通常在屋顶加设一定面积的采光板，并且窗户开口较大，采用自然光照为主、人工照明为辅的光照模式。

2. 羊舍自然光照调控　影响自然光照的因素主要是羊舍朝向和窗口及采光口的大小及位置。我国主体陆地处于北纬20°—53°，大部分区域处于北回归线以北，冬季太阳高度角小、夏季太阳高度角大，所以我国大部分地区的羊舍多采用南向或偏南朝向，这样冬季有较多的光照进入舍内，也有利于羊舍的保温。

羊舍采用自然光照时，需要根据采光系数（窗地比）计算窗口的面积。采光系数是指羊舍有效采光面积与舍内地面面积之比。采光系数可按照下式计算：

$$A = K \times F_d / \tau$$

式中，A 为采光窗口（不包括窗框和窗扇）的总面积（m²）；K 为采光系数，以小数表示；F_d 为舍内地面面积（m²）；τ 为窗扇透光系数，单层金属窗为0.80，双层金属窗为0.65，单层木窗为0.70，双层木窗为0.50。

羊舍要求光线充足，一般建议成年绵羊舍的采光系数为1：（15～25），高产绵羊舍采光系数为1：（10～12），羔羊舍采光系数为1：（15～20），产羔舍可小一些。在无特殊采光要求时根据

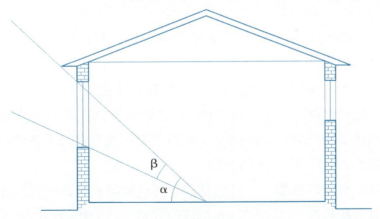

图1-8　入射角和透光角示意

入射角 α，窗口上缘外角至畜舍地面中央一点的连线与水平地面的夹角；
透光角 β，由畜舍地面中央一点向窗口下缘内角和窗口上缘外角引出两条直线所形成的夹角

入射角（α）、透光角（β）和畜舍跨度确定窗口的位置（图1-8），即窗户上、下缘的高度，最低要求入射角不小于25°，透光角不小于5°。在窗口的布置上，炎热地区南北窗的面积比可为（1～2）：1，寒冷地区可为（2～4）：1。

3. 羊舍人工光照调控 羊舍人工照明通常作为自然采光的补充光照。影响人工照明的因素主要是灯具类型、灯具的安装和舍内反光状况。

（1）常见人工灯具 包括白炽灯、荧光灯和LED灯等。

①白炽灯 白炽灯是将灯丝通电加热到白炽状态，是一种热辐射光源，能量的转换效率很低，只有2%～4%的电能转换为眼睛能够感受到的光，其余电能主要以热的形式散失到环境中。白炽灯光线中红外线占60%～90%，可见光占10%～40%，无紫外线，可见光中红橙光占60%，黄绿光占29%，蓝紫光占11%。

②荧光灯 荧光灯属于气体放电光源，比白炽灯节约70%～80%的能源，但低温时不易启亮。荧光灯光线以可见光和红光为主，无紫外线，可见光中，红橙光占45%，黄绿光占39%，蓝紫光占16%。

③LED灯 LED灯是发光二极管，是一种能够将电能转化为可见光的固态的半导体器件，它可以直接把电转化为光。LED更加节能，投射角度调节范围大，15W的亮度相当于普通40W日光灯。在悬挂高度2m左右时，1W的白炽灯光源在每平方米舍内面积可提供3.5～5.0lx的照度，1W的荧光灯光源在每平方米舍内面积可提供12.0～17.0lx的照度。

（2）舍内灯具布置 灯的悬挂高度直接影响地面的光照度，一般灯具悬挂高度在2.0～2.4m。灯的分布上，为使舍内的光照尽量均匀，需要适当减小每盏灯的瓦数，增加灯的盏数。灯上应设平形或伞形灯罩以提高亮度和均匀度。灯具间的距离应为高度的1.5倍，多行间灯具宜交错布置，灯具布置满足生产和保障饲养管理

（饲喂、采食、接产等）所需照度，分组设开关，亦可依据光照度来控制 LED 灯的亮度。

（3）舍内反光　羊舍内物体的反射状况也会对舍内光线产生影响。当反射率低时，光线大部分被吸收，畜舍内就比较暗；当反射率高时，光线大部分被反射出来，舍内就比较明亮。如白色表面的反射率为 85％，黄色表面为 40％，灰色表面为 35％，深色表面仅为 20％，砖墙约为 40％。所以羊舍内表面（主要是墙壁和天棚）应当平坦，粉刷成白色，并保持清洁，以利于提高羊舍内的光照度。

四、肉羊舍饲环境控制现状与发展趋势

目前，我国肉羊养殖生产中对舍内环境的控制相对粗放，大多数羊场使用半开放羊舍，即使采用封闭式羊舍，对舍内环境的控制也不够系统和精准。肉羊舍饲养环境控制主要集中在夏季防暑降温和冬季保暖方面。春秋季节，多采用自然通风控制温热和气体环境。从发展趋势看，随着肉羊集约化养殖的兴起，在羊舍设计和建筑材料选用上，充分考虑和协调保温、采光、通风换气等环境因素，通过附设风机、暖气等设施，采用自动控制系统，加强了人工控制措施，提高了舍饲环境的质量。

（一）采用新材料改善羊舍保温隔热效果

2015 年以后新建的集约化肉羊养殖场，基本都采用封闭式羊舍。羊舍围护结构根据当地的气候条件采用不同厚度保温芯材彩钢板，保温芯材通常选用导热系数小的材料，如岩棉制品、珍珠岩、泡沫塑料等，这些材料可以延缓羊舍内外热量的传导，减小外界环境温度变化对羊舍内部温度的影响，从而达到冬季保暖和夏季降温

的效果。

（二）通过科学设计，改善通风与采光

大跨度多列式羊舍能够节约饲喂通道和其他辅助设施空间，提高饲养密度，成为集约化肉羊养殖羊舍设计的首选。由于羊舍面积大、跨度达、饲养密度大，因此，采光和通风就显得尤为重要。解决采光和通风问题，通常将羊舍屋顶设计为塔楼式结构，顶棚按一定比例加装透光板，两侧沿墙安装大面积可开闭式窗户，一方面可增加采光系数，另一方面有利于通风换气。同时也可安装风机进行人工辅助通风。

（三）采用高床漏缝地板，减少舍内颗粒物的产生

肉羊地面平养，羊与粪尿直接接触，羊体被粪尿污染，易造成微生物和寄生虫病的传播和感染；羊群踩踏羊粪，造成扬尘，增加空气颗粒物含量；此外也不利于机械清粪。因此，现代羊场基本都采用高床漏缝地板和刮粪板机械清粪工艺，不仅减轻了清粪工作强度，还能改善羊舍内空气质量。

（四）加强饲养管理，改善羊群健康

除羊场建设之外，也可通过加强饲养管理，改善羊群健康状况。如在夏季来临前，对肉羊进行剪毛，防止厚重的绒毛阻隔皮肤与周围环境的热交换。在羊舍安装自动饮水装置，保证羊群有充足的饮用水，羊可通过调节饮水量改善体热平衡。炎热夏季，可在水中补充盐分以保证肉羊大量出汗后体内电解质平衡。

（五）自动化、智能化控制设施逐步应用于肉羊养殖

随着肉羊舍饲规模化、集约化程度提高，环境控制越来越得到业界的重视。肉羊养殖舍饲环境控制系统逐步向自动化、精准化、智能化方向发展。以猪舍、鸡舍和奶牛舍环境控制为引领，畜舍环境控制逻辑已由传统的单纯利用舍内温度控制通风设备，逐渐发展为综合舍内温度、相对湿度、有害气体等指标，按照设定的阈值，经过电脑程序运算自动控制通风、降温与供暖设备。

物联网技术也逐渐运用在羊舍环境控制中，借助于物联网先进的传感技术、传输技术和信息处理技术，通过对肉羊养殖环境数据及羊群生理状态数据及图像的实时采集，经人工智能处理，达到对养殖环境的个性化和精准化控制。这种技术的应用优势在于可以及时采集上传舍内环境数据并感知羊群反应变化，在电脑和手机终端对设备运行进行远程监制，大大提高管理效率。

可以预见，随着肉羊养殖集约化、标准化程度的提高，有关肉羊舍饲环境控制的研究会越来越深入，相关标准将逐步制定和出台。

第二章
肉羊饲养温热环境

第一节　温热环境因子对肉羊生产性能、生理代谢和产热量的影响

一、空气温度

（一）温度对肉羊生理参数指标的影响

一般在畜牧生产中经常使用的生理参数指标包括呼吸频率、体温、心率和体表温度等。它们也是说明生理适应机制的参数（Marai 等，2007；Sharma 等，2013）。

体温是环境温度对肉羊影响的最直观测量指标，其数值反映了机体的获得热量与损失热量的结果，而直肠温度是测量体温的主要方式。肉羊的体温会随着昼夜节律以及身体的不同而变化（Ribeiro 等，2016；Srikandakumar 等，2003），但是依旧可以保持在一个小的范围内波动。一般来说，在高温环境中，机体通过调节自身的生理状况来释放热量来缓解外界热量的传递以维持其自身热量平衡，而直肠温度的持续升高则是热量平衡被打破的直接表现（Montero 等，2013）。Thwaites 等（1985）提出 42℃是山羊直肠

温度的最大上限值，超过此温度可能会对山羊机体功能造成不可逆的影响。热环境中肉羊依靠多种方式来调节自身生理状况，而调节呼吸频率是最有效的手段（Da Silva 等，2017），在高温环境条件下，机体通过增加呼吸频率加快将体内的蒸发水分从呼吸道带出以提高蒸发散热量，达到维持体温的恒定（Fonseca 等，2017）；在环境温度 12℃条件下，绵羊会通过呼吸蒸发散热量大约 20％的身体总散热量；而当温度达到 35℃时，通过呼吸释放热量上升至60％。除呼吸道外，皮肤也是皮肤是体表与环境之间热交换的重要途径，肉羊的体表温度直接受到羊毛厚度以及长度的影响，这种影响体现在随着一年四季羊毛的更替，肉羊的皮肤温度也会随着变化，羊毛的覆盖不利于皮肤散热。因此，在高温环境中，羊毛覆盖量少的耳朵以及腿部成为主要散热部位。皮肤中血液流量以及流速是维持体表温度变化主要方式，通过血液流动可以将机体内部的热量带出至体表，并通过与环境接触进行交换。而血液的流动受到心率的影响，因此在热环境中机体通过心率增加来增加体核心到皮肤表面的血液流动，加快热量传递并让多余的热量从皮肤散失（Marai，2007）。因此，在热环境中可以观察到肉羊的心率加快（Aleksiev 等，2004）。

（二）温热环境对反刍动物血清内分泌指标的影响

热应激严重影响动物机体的内环境平衡，不仅影响一些生理活动及神经系统的调节，而且影响内分泌激素的分泌，严重时导致内分泌激素分泌紊乱（刘嘉莉等，2018）。因此，血浆中的激素是重要的潜在指标，主要为甲状腺素（T4）、三碘甲状腺原氨酸（T3）、皮质醇、生长激素和胰岛素等。甲状腺激素能促进体内物质和能量代谢，主要是促进体内的能源物质即糖类、蛋白质和脂肪的氧化分解，使耗氧量增加，能量同时释放出来。而热应激条件下需要散去

热量，因此甲状腺激素分泌减少。甲状腺功能下降是一种缓解或者适应热应激的反应。这种减少可能是由于热量对下丘脑-垂体-肾上腺轴（HPA）的作用，促使甲状腺激素释放激素减少，动物基础代谢降低（Johnson，1987）。研究发现热应激下血浆 T4 和 T3 水平下降，皮质醇浓度升高（Rathwa 等，2017）。同样有报道称，随着 THI 升高，藏绵羊和山羊血清 T3 和 T4 浓度降低（张灿，2016）。由肾上腺皮质分泌的糖皮质激素主要为皮质醇，应激状态下身体需要皮质醇对应激作出有效反应来维持正常生理机能，因此皮质醇能够增强机体对不良环境的适应能力（Rathwa 等，2017）。据报道，热应激山羊的血浆皮质醇从 25.27nmol/L 增加到 40.57nmol/L（Sivakumar 等，2010）。甲状腺激素的下降伴随着血浆生长激素（GH）水平的降低对减少产热有协同作用。随着 THI 升高，藏绵羊和山羊血清皮质醇（COR）浓度升高，生长激素（GH）和胰岛素样生长因子（IGF-1）浓度降低（张灿，2016）。研究还发现在急性热应激条件下牛血清中的皮质醇浓度将升高，而在慢性热应激条件下皮质醇浓度将降低（Gross，1973）。同样的研究发现在夏季长期慢性应激下，泌乳前、中和后期不同阶段的奶牛的血清皮质醇浓度比非热应激期低（宋代军等，2013），可见热应激严重影响动物机体内分泌激素的分泌。根据笔者所在团队进行的温热环境对肉羊影响的结果表明，高温会导致肉羊的甲状腺激素 T3 的含量显著下降，证明在高温环境下肉羊通过降低自身的代谢水平以减少产热量。

（三）温热环境对肉羊生产性能的影响

在夏季肉羊长期处于温热环境中会对自身生理状态产生影响，需要相应的调节自身的组织以及器官的状态来减少热应激的影响。长期处于温热环境中会导致肉羊的瘤胃环境发生变化进而影响微生物菌群，改变了瘤胃的发酵模式，降低了饲料的消化率（Yadav，2013），同时对瘤胃微生物以及自身消化系统对碳水化合物、蛋白质等的代谢产生影响，使组织的调节缺失，也使肉羊的采食量降低（Baumgard 等，2013；钟书，2019），采食量及饲料的利用效率都不同程度地降低。另外动物为了增加散热，血液会有向皮肤上层靠近的趋势，使得消化道因自身的血量不足而削弱了对营养物质的消化，进而影响了动物自身的进食。环境温度的升高对动物生长性能的影响是动物机体合成代谢降低和分解代谢升高的结果，而合成代谢降的本质原因是动物自主采食量的减少，这是热应激造成动物生产性能降低的一个主要的原因。动物体内的营养物质供给不足，乳汁和机体生长所需要的营养成分也相对减少，致使产奶量和产肉量下降，同时，动物的体重和体质显著下降，免疫系统紊乱，抵抗力降低，很容易受到各种疾病的侵害。有研究发现，在热应激时绵羊的生物功能发生一系列根本性变化，包括饲料摄入量的减少、饲料转化率的降低以及蛋白质、能量和矿物质平衡被干扰等（Ramana 等，2013）。在夏季，热应激显著降低了绵羊的采食量、平均日增重，猝死率增加。

（四）温热环境对肉羊血清免疫指标的影响

免疫是机体的一种生理功能，起到维护机体的健康以及抵御外来病菌和微生物的重要作用。免疫涉及特异性和非特异性成分。非特异性免疫是先天具有的，可以立刻响应，可以有效地防止各种病原体的入侵，通过皮肤和黏膜系统、吞噬细胞、补体、细胞因子等来实现。特异性免疫是机体后天感染或人工预防接种而使机体获得抵抗感染的能力并能与抗原起特异性反应，通过免疫球蛋白、免疫淋巴细胞来实现。急性和慢性应激对于免疫反应的影响程度不同，通常长期的热应激会导致免疫系统的抑制；而短期暴露于热应激环

境中对免疫的影响较小。

外来应激影响免疫力的原因可能是其破坏了机体中 Th1 和 Th2 两个免疫细胞亚群之间的平衡而导致机体免疫系统受到影响 (Elenkov 等，2002)。这种理论认为与应激反应相关的激素（如糖皮质激素）会影响 Th1 和 Th2 细胞因子的产生，从而决定了普遍存在的免疫反应的类型（Elenkov 等，1999）。Th1 参与细胞免疫和迟发型超敏反应炎症反应，细胞主要分泌 IL-2、IFN-γ 等，主要参与细胞免疫相关的免疫应答。Th2 可以帮助 B 淋巴细胞进行分化成为可以分泌抗体的种类并在体液免疫应答中起到相应的作用，其产生的相应白细胞介素包括 IL-4、IL-6、IL-10 等。Th2 细胞可以对 Th1 细胞以及抗原呈递细胞起到下调的作用，对免疫系统产生抑制作用，这在整个免疫调节过程中可以避免 Th1 细胞发生过度免疫而对机体造成损伤。在病毒感染期间，对 Th2 反应的偏移可能会干扰病毒清除。但是，如果发生相反的情况（即 Th1 免疫升高和 Th2 免疫降低），则可以发生正常的病毒清除。而热应激会破坏这种平衡性能。根据温热环境对肉羊免疫性能影响的测量结果表明，高温会对肉羊的免疫性能产生显著影响，而与湿度产生的交互作用对免疫系统没有显著的影响，高温会使肉羊血清中的 IL-4 含量显著上升，而显著降低 IL-2 的含量，证明高温会使肉羊的 Th1/Th2 免疫细胞平衡被打破，偏向于 Th2 细胞导致机体处于免疫抑制状态。湿热应激环境中，藏山羊血清中免疫球蛋白 IgA、IgG、IgM 浓度降低，肿瘤坏死因子-α（TNF-α）浓度升高（张灿，2016）。研究表明提供阴影区域和改变饲喂时间可以帮助泌乳母羊缓解高温的应激，从而减少热应激对免疫功能的不利影响（Sevi 等，2001）。可见热应激严重影响动物的免疫能力，使动物的免疫力下降。

二、空气湿度

高温环境中肉羊最主要的散热方式是蒸发散热，蒸发散热的散热量取决于体表水汽压与大气蒸汽压之差。大气蒸汽压受到周围环境中空气湿度的影响，而体表水汽压则与体表的潮湿度相关，因此高温环境中相对湿度与家畜的蒸发散热量密切相关。当温度相对处于较低水平时候，此时湿度对蒸发散热起到主导因素，在此条件下，湿度的增加对大气蒸汽压的影响大于对体表蒸汽压增加了其与体表蒸汽压之间的差值，此时提高湿度有利于家畜的蒸发散热水平。而随着温度持续上升，温度则取代湿度成为主导因素，而高湿度会增加体表的潮湿程度，减少大气与体表蒸汽压的差值，此时高湿度不利于蒸发散热。为了更好地描述温度与湿度交互作用对家畜的影响，前人提出了温湿指数（THI）这一新的概念来描述温湿度之间的交互作用。目前温湿指数针对密闭圈舍饲养的家畜有多个不同的公式，但是尚未有专门针对肉羊的计算方法。已有的关于研究温热环境对肉羊影响的温湿指数公式通常为：$THI = (1.8 \times T + 32) - [(0.55 - 0.0055 \times RH) \times (1.8 \times T - 26)]$。

三、气流与热辐射

通过对流散热的方式来缓解机体热应激程度是目前广泛应用于畜牧养殖场的方式，对流散热量与周围环境中气流速度密切相关，当周围环境中不发生气体分子交换，或是气体流动的速率较低，对气体分子交换影响较小的时候，此时围绕在身体周围的空气分子与周围冷空气中的空气分子发生相互交换，在动物身体和周围环境之间形成相对稳定的过渡层。由于空气对于热量的传导效率低，因此

周围的空气分子形成相应的过渡层，阻隔了热量从家畜自身流向周围环境。但是，当受到较为强烈的风影响时候，刚刚形成的较为稳定的空气隔热层会由于空气分子强交换而被破坏，补充而来的冷的空气分子也会把自身的热量带走（Sasaki 等，1983）。热量流逝的速度与周围风速的多少呈正相关关系，这种现象称为风寒效应（Kadzere 等，2002）。已有很多研究通过提出新的指标来反应空气流速对动物的物理指标的影响，如风冷指数可以把气温与风速结合起来反应天气条件对机体的冷却力（Hales 等，1976），计算公式为：

$$H = \left[\ (\sqrt{100v} + 10.45 - v)\ \right](33 - T_a) \times 4.184$$

式中，H 为风冷却力 $[kJ/（m^2 \cdot h）]$；v 为风速 （m/s）；T_a 为气温 （℃）；33 代表无风条件下的皮肤温度 （℃）；4.184 为卡换算为焦尔的系数。

由公式我们可以看出，风速对家畜的影响因素主要来源于周围环境温度以及所处环境中风速的大小。在封闭式羊舍中加装风机来加快空气流速可以达到降低羊舍环境温度的目的。

通过风机加速空气流速来降温的方式由于成本较高且不太适用于半开放式羊舍，因此应用范围有限。当前最为广泛的降温方式是利用树荫或遮阳棚阻隔太阳辐射来降低温度，这样的方式成本较低并且使用效果较好。热辐射是热量传导的三大方式之一，一切温度高于绝对零度的物体都能产生热辐射，温度越高，辐射的总能量就越大，短波成分也愈多。热辐射的光谱是连续谱，一般的热辐射主要靠波长较长的可见光和红外线传播。太阳辐射是热辐射传递的主要来源方式，特别是在夏季由于太阳光线增加会大幅增加热量传递。因此，在夏季通过遮阳来减弱太阳光照射强度及时间可以显著缓解家畜受到热应激的影响程度。Helal 等（2010）报道称山羊短期或长期待在太阳辐射下，血清中 T_3 和 T_4 水平下降，说明机体减弱了自身代谢水平以减少自身产热量。

第二节 国内外肉羊饲养温热环境 参数标准及研究进展

一、肉羊舍温热环境适宜参数的影响因素

环境可以大致分为六个方面：温度、湿度、空气流速、有害气体、光照度以及饲养密度。随着我国肉羊产业的发展，当前肉羊养殖方式已经由先前的放牧式饲养逐渐向着集约化、规模化的半舍饲或舍饲方向发展。目前肉羊的舍饲饲养模式使用的圈舍主要类型为"半封闭圈舍＋运动场"的组合，这种情况下，舍内环境主要取决于温度、湿度、空气流速以及饲养密度的影响。家畜受到温热环境的影响程度取决于环境热量传递与机体自身热量散失之间的平衡。温度是所有环境因子中最主要的影响因素，代表了外界环境传递给机体热量的能力，有效降低环境温度是缓解温热环境对肉羊影响的根本途径。而湿度、空气流速以及饲养密度则影响了机体散失热量的能力，高湿度导致的体表与大气水汽压差值降低导致体表热量难以传导，均加剧了肉羊的热应激水平。饲养密度则是由人为因素引起，高饲养密度有利于最大化利用养殖场场地资源，提高养殖场经济效益；但是，高饲养密度会挤压个体的饲养空间，特别是在温热环境中，不利于个体散热以缓解热应激。随着舍饲技术的推广，人们越发注意到热应激对家畜生产造成的不良后果，通过开窗通风或加装风机来加速空气流动速度将舍内热量带出，从而缓解温热环境对肉羊的影响是目前最广泛的方式。如何合理调配这些环境因子是缓解温热环境对肉羊影响、创造最适饲养环境的关键。

二、国内外肉羊舍温热环境参数及研究进展

羊属于恒温动物，为保证健康、生存及繁殖需要，其体温通常保持在一个较窄的生理范围内，这样才能保证其获取的营养物质最大限度地用于生产。而最适宜的体温范围受到肉羊自身状况如品种、年龄、性别以及对环境的适应性等条件的极大影响，因此目前关于饲养环境参数的研究结论有一定差异，难以得出一个统一的结论。

视频3

（一）国外研究进展

目前国外关于温热环境中肉羊的最适环境参数有较多的研究成果，但是由于使用的品种有较大差异导致结果也不尽相同。Maia等（2016）研究发现努比亚山羊在 22～26℃ 区域内，呼吸频率、直肠温度和皮肤温度变化不明显；高于 30℃ 时要通过呼吸和蒸发等散热途径来保持平衡；在无太阳辐射的情况下上限临界温度为 26℃。Mishra 等（2009）研究发现温度为 13～27℃，相对湿度为 60%～70% 是山羊的等热区范围。kumar 等（2009）提出山羊的舒适环境参数范围应该是温度为 13～27℃，相对湿度为 60%～70%，风速为 5～8km/h。Silanikove 等（2015）通过研究定义了不同温湿指数对肉羊的影响：温湿指数低于 74 时为舒适阶段；75～79 为受到轻度热应激影响阶段；80～85 为受到中度热应激影响阶段；86～88 为受到重度热应激影响阶段；当大于 88 时处于严重热应激影响阶段。Toussaint（1997）则建议山羊适当的温度在室内应保持在 6～27℃（最佳为 10～18℃）的范围内，相对湿度范围为 60%～80%，风速为 0.5m/s。

（二）国内研究进展

随着肉羊舍饲养殖模式的推广，国内关于舍饲条件下环境参数的相关研究也在逐步完善。杨皓（2016）提出不同阶段肉羊舍内的温热环境参考值：0～45d 羔羊饲养的环境参考值温度为 10～25℃，相对湿度为 30%～60%；妊娠母羊饲养的环境参考值是温度为 10～23℃，相对湿度为 30%～50%；哺乳母羊饲养的环境参考值是温度为 15～22℃，相对湿度为 30%～50%；育肥羊饲养的环境参考值是温度为 5～25℃，相对湿度为 30%～70%。王金文等（2012）建议绵羊适宜的育肥抓膘温度为 8～24℃，最适育肥抓膘温度为 14～22℃。在适宜的温度条件下，相对湿度以 60%～70% 为宜。胡延春和许宗运（2002）建议羊生长发育所需适宜温度为 -3～23℃，生产环境临界低温为 -13℃，高温为 27℃。羔羊出生时适宜温度为 27～30℃，出生 1 周到 0.5 个月内，室温以保持在 1～10℃为宜；0.5～1 个月内，应保持在 -2～5℃为宜，高温时相对湿度不应高于 80%。赵有璋（2011）则依据不同品种肉羊，提供了饲养环境温度与相对湿度的参考值（表 2-1）。

表 2-1　不同生产类型的绵羊饲养环境参考

绵羊类型	抓膘气温 （℃）	最适宜抓膘气温 （℃）	适宜相对湿度 （%）	最适宜相对湿度 （%）
细毛羊	8～22	14～22	50～75	60
早熟肉用羊	8～22	14～22	50～80	60～70
卡拉库尔羊	8～22	14～22	40～60	45～50
粗毛肉用羊	8～24	14～22	55～80	60～70

资料来源：赵有璋，2011。

目前，国内关于羊舍内风速以及换气量的相关研究较为缺乏，仅有部分研究成果给出了参考值（表 2-2）。

表 2-2　夏季羊舍的通风换气参考值

畜舍	换气量 [m³/ (h·头)]	气流速度 (m/s)
公羊舍	45	0.8
母羊舍	45	0.8
断奶后及去势后的羔羊舍	45	0.8
产间暖圈	50	0.5
公羊舍内采精室	45	0.8

资料来源：颜培实和李如治，2011。

第三节　肉羊饲养温热环境适宜参数推荐值

西北农林科技大学绒肉羊遗传改良与种质创新科研团队于 2018 年 6 月起在西北农林科技大学试验站代谢舱中开展有关热应激肉羊影响的相关试验（图 2-1）。

图 2-1　热应激试验场景

(资料来源：王国军，2018)

根据已经获得的数据，该科研团队推测出肉羊在热应激下调节生理状态的整个过程。试验的 THI 指数由 69.17 逐渐上升至 95.74。如图 2-2 所示，在温湿指数逐渐升高的过程中，试验羊的直肠温度出现显著变化，大致可以分为五个阶段。

温湿指数达到 74.8＜THI＜76.51 阶段时，试验羊的生理指

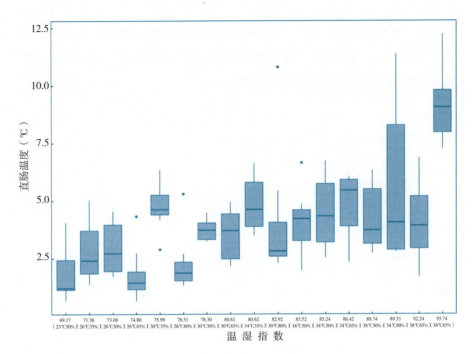

图 2-2　温湿指数对肉羊直肠温度的影响

（资料来源：王国军，2018）

标开始出现显著变化，此时试验羊的呼吸频率首先升高，通过加快呼吸频率将更多水蒸汽带出体内，增加蒸发散热量，同时血液中血淋巴细胞中的热休克蛋白 70（HSP 70）表达量显著升高，以保护机体内细胞完整性。此外，在这一阶段，山羊的免疫系统受到影响，导致体外抗原侵入体内，限制了山羊生活环境的舒适度。证明此阶段（74.8＜THI＜76.51）可能是山羊舒适生活的极限值。

当温湿指数上升至 80.62＜THI＜82.92 阶段时，试验羊血清中 T3 含量显著下降，并且在此阶段试验羊饮水以及排尿行为显著增加，其瘤胃中的微生物群体结构出现显著变化，证明此时试验羊受到的热应激程度进一步加强，处于中度热应激阶段。

在 85.24＜THI＜88.74 阶段时，山羊的生理指标和行为开始

进一步变化，此阶段试验羊通过改变自身生理状况已经难以维持体温平衡。通过研究表明，肉羊的最适环境温湿指数应不高于 74.8（26℃，65％），此时的环境条件为肉羊舒适环境的极限值，高于此值后肉羊将受到热应激环境的影响。

第三章
肉羊饲养气体环境

第一节　气体环境因子对肉羊健康与生产性能的影响

气体环境因子对肉羊生长与健康具有重要影响。反映羊舍气体环境质量的指标主要包括有害气体、粉尘、微生物含量等。羊舍有害气体、粉尘、微生物含量超标不仅会影响羊群的健康和生产性能，也会对饲养管理人员身心健康产生不良影响。羊舍的有害气体包括氨气、硫化氢、二氧化碳等，是养殖过程中羊群和微生物正常代谢产物，主要由羊群呼吸及饲料与粪尿中有机物经微生物分解产生。其中氨

视频 4

气和硫化氢对人类和肉羊危害较大。微粒不属于气体，因其悬浮于空气中，随气体一起作用于动物，养殖生产中也将微粒含量作为空气质量的重要指标。由于我国肉羊舍饲起步较晚，现行国家标准中还未制定专门的肉羊养殖羊舍气体环境标准。

一、氨气

（一）羊舍内氨气的来源

羊肉舍内氨气主要有两个来源：一是羊自身代谢产生的氨，主要是胃肠道（主要是瘤胃）内尿素在脲酶催化下分解产生氨气；二是舍内含氮有机物（粪尿、垫料和饲料残渣等）经微生物发酵产生的氨。羊舍内氨气含量与饲养管理水平、饲养密度、通风情况、清粪频率等因素有关。舍内的湿度越高，氨气越容易滞留和积累。

（二）氨气对肉羊健康与生产性能的影响

氨气具有强烈刺激性气味，极易溶于水，其水溶物呈碱性。氨气对肉羊健康的危害主要表现在以下几个方面。

1. 氨气对表皮组织的危害　首先接触氨气的是皮肤组织，其中的水分与氨气结合，会造成组织蛋白的空间构象产生改变、脂肪皂化，细胞膜结构遭到破坏。

2. 氨气对呼吸系统的危害　氨气被机体吸入后一部分吸附在呼吸道黏膜上，可麻痹呼吸道纤毛和损害黏膜上皮组织，使病原微生物易于侵入，减弱机体对疾病的抵抗力，引发呼吸系统疾病；未被吸附的氨气进入肺部后，通过肺泡进入血液，与血红蛋白结合，降低血红蛋白携带氧气的能力，造成机体缺氧性应激。

3. 对视觉系统的危害　氨气附着于羊眼角膜、结膜上，引起频繁眨眼、流泪，重者发生碱性烧伤，引起结膜炎、角膜炎，甚至导致间接性失明。

4. 对机体酸碱平衡的影响　进入肺泡内的氨，少部分被二氧化碳中和，余下被吸收至血液，与血液中 H^+ 结合生成 NH_4^+，随尿液或呼吸排出体外。过量的氨会导致机体酸碱平和调节紊乱。

总之，羊群在高氨环境下长期喂养，其结膜、黏膜会受到直接刺激（王厚彬，2017），出现频繁眨眼、咳喘、打喷嚏、流泪不止等现象，严重者角膜变为灰白色，阻挡视线，导致失明，影响采食；呼吸道感染严重者引起肺部炎症，剖解后肺部部分区域流脓、发黑，与胸腔黏膜粘连；羔羊对高氨环境更为敏感，常因抵抗力不足而导致死亡（孜耐提等，2015）。

氨气通过影响羊的健康直接或间接影响羊的生产性能。张继泽等（2014）从蛋白水平分析了氨气应激下肝脏组织可能出现的损伤，发现与脂类合成、氨基酸分解代谢、氧化应激等功能有关的蛋白发生上调；与能量代谢、免疫及炎症反应等功能相关的蛋白下调。另外，氨气能够引起免疫应答，使肉羊机体产生炎性细胞因子（Cheng 等，2015；Daniele 等，2012）。氨在动物的生殖系统中可能扮演着重要角色。奶牛在排卵前卵泡液中氨含量的变化与血尿素氮（BUN）含量的变化呈正相关，卵泡液中氨含量高于血氨，且牛卵泡越成熟，氨含量越低（Józwik 等，2001）。胚胎的发育可能会受到高氨的危害，导致动物生产力降低（Irfan 等，2017）。奶牛饲喂高蛋白质饲料，其生殖力会下降（Leroy 等，2008），这可能是由于高蛋白质饲料通过机体代谢使体内氨浓度升高（Auron 等，2012）。而养殖环境内高浓度的氨气同样会造成动物体内氨增加，并可能对繁殖性能造成损害（Behera 等，2013）。

二、硫化氢

（一）羊舍内硫化氢的来源

羊舍内的硫化氢是细菌在无氧条件下降解养殖废弃物（残余饲料、粪尿和垫料等）中的含硫有机物的产物。硫化氢相对密度大于

空气，因此越接近地面硫化氢浓度越高。羊舍内硫化氢的含量与日粮营养水平、饲养密度、舍内温湿度、通风情况及清粪频率等因素有关。

（二）硫化氢对肉羊健康与生产性能的影响

1. 硫化氢对呼吸系统的影响　硫化氢有较强的毒性，经呼吸作用进入呼吸系统后，首先与呼吸道黏膜接触，引起组织细胞碱化，在黏液中遇钠离子生成硫化钠，进而刺激鼻腔、气管和肺部，引起鼻炎、气管炎和肺水肿（Lewis 等，2015）。

2. 硫化氢对细胞氧化呼吸链的影响　硫化氢是强还原性的气体。硫化氢进入呼吸链，可与细胞色素中的 Fe^{3+} 结合，使细胞呼吸链电子传递被阻断，造成组织生物氧化障碍（孙建忠，2015）。

3. 硫化氢对神经系统的影响　硫化钠进入血液，又经过水解作用释放出硫化氢，在血液循环的助力下，到达机体的各个组织，在神经系统中，硫化氢会导致植物性神经紊乱，引起瞳孔收缩、心脏功能减弱（赵勇等，2016）。700mg/L 以上的硫化氢会引起颈动脉窦的剧烈反应，反射性抑制呼吸，甚至使呼吸中枢丧失功能，导致动物瞬间窒息死亡（孟庆平，2009）。

4. 硫化氢的重要生理作用　过去，人们错误地只将硫化氢视为一种有毒气体，但随着认知的不断进步，硫化氢在生物体内的重要生理作用被揭示出来：在较低生理浓度下，可参与调节细胞增殖与凋亡的过程，以及神经、血管、肌肉、内分泌和生殖五大系统的生理活动（MasiAscenzi 等，2013；Hine 等，2015）。此外，生物体内硫化氢还具有调节氧化还原平衡和 NO 代谢等作用（Kabil 等，2014；Kolluru 等，2015）。硫化氢在体内的合成主要与胱硫醚合成酶（CBS）和胱硫醚溶酶（CSE）有关，它们存在于许多器官与细胞中，在这些器官中，都能产生硫化氢。

研究发现，硫化氢在动物的生殖系统中存在非常重要的功能（Bianca，2009）。在雄性生殖系统中，硫化氢对大鼠睾丸的生理功能有一定的影响，可调控精子的生成（Hayden 等，1990）；在阴茎海绵体内注射硫氢化钠，发现阴茎的长度增加，其海绵体内压也有升高（Shukla 等，2009）。在雌性生殖系统中，敲除 CBS 的雌性小鼠与正常小鼠相比，其生育能力会有所下降（Yang 等，2008）；Liang 等（2007）发现硫化氢会影响卵泡颗粒细胞功能，进而影响卵母细胞的发育。正常情况下，CBS 在各级卵泡中都有较高表达，将雌性小鼠的 CBS 敲除后，发现其卵泡很难正常发育，发情周期受到干扰（Guzmán 等，2006）。另外，硫化氢可抑制子宫上皮细胞刺激后叶催产素，延长动物的分娩时间（Hayden 等，1990）。由此可见，养殖过程中产生的硫化氢，可能会使动物的繁殖机能受到危害（赵勇等，2016）。

5. 硫化氢对肉羊机体免疫和生产性能的影响　动物在低浓度硫化氢的长期应激下，造成呼吸困难，视觉障碍，机体功能失常，使正常采食受到影响，进而导致增重下降，生长缓慢。高浓度硫化氢损害动物免疫机能，刺激神经中枢，引发炎症，使用于生长发育的能量减少，造成生产性能降低。赵天等（2018）研究表明，在硫化氢含量为 $8mg/m^3$ 的代谢仓中饲养 2d，肉羊血清 IL-1 含量显著升高，硫化氢含量为 $16mg/m^3$ 处理组血清 IL-6 含量极显著升高（$P<0.01$）；在入代谢仓第 6 天，硫化氢含量为 $8mg/m^3$ 和 $16mg/m^3$ 处理组羊血清 IgA、IgG、IgM 含量、血清溶菌酶含量及补体 C3、C4 水平极显著降低，血清 SOD 活性、CAT 活性极显著降低（$P<0.01$）。该研究结果提示，H_2S 可引起肉羊应激，降低肉羊免疫功能和抗氧化能力。且随着 H_2S 浓度的升高和作用时间的延长，其对机体的损害程度加重。

三、二氧化碳

（一）羊舍内二氧化碳的来源

二氧化碳是空气中的一种常量组分，含量一般为 0.03%。羊舍内二氧化碳一般高于舍外，主要是由羊的呼吸作用产生二氧化碳。二氧化碳相对密度比空气大，一般在羊舍下部滞留较多。羊舍内二氧化碳含量的高低与饲养密度和舍内通风换气量有关。

（二）二氧化碳对肉羊健康与生产性能的影响

二氧化碳本身对肉羊无毒害作用，但当羊舍环境中 CO_2 含量高时容易导致氧气分压的降低，从而造成慢性缺氧，使肉羊神经传导和机体生物氧化功能减弱，生产性能降低。肉羊对 CO_2 含量的忍耐阈值较高，如果其他有害气体含量不超标，羊舍内 CO_2 含量不超 $2\,000\,mg/m^3$，对肉羊健康和生产性能无显著影响。但羊长期处于高浓度 CO_2 条件下，会出现食欲下降，增重减缓，精神萎靡不振，体质下降，对各种疾病的易感性增强。正常生产状态下，相对于其他有害气体，由于 CO_2 含量高、容易测定，所以肉羊养殖生产中常将 CO_2 含量作为一个反映舍内空气质量的指示性指标，并作为羊舍通风换气的重要依据。

四、微粒

（一）羊舍内微粒的来源

微粒不属于气体，因其悬浮于空气中，随气体一起作用于动物，养殖生产中也将微粒含量作为空气质量的重要指标。微粒也称颗粒物，是指悬浮在空气中的固体粒子，粒子直径大小为 0.1～100μm。TSP 是大气质量评价中的一个通用的重要污染指标。TSP 主要来源于燃料燃烧时产生的烟尘、生产加工过程中产生的粉尘、建筑和交通扬尘、风沙扬尘以及气态污染物经过复杂物理化学反应在空气中生成的相应的盐类颗粒。在空气质量监测中，TSP 要给出粒径分布，当粒径大于 10μm 时，要考虑沉降；小于 10μm 时，与其他气态污染物一样，不考虑沉降。

羊舍内的颗粒物来源于两个方面：一是大气中的微粒在通风换气时随空气进入羊舍内；二是生产过程中羊舍产生的颗粒物，主要来源于饲料粉尘、粪便、垫草粉尘以及脱落的毛绒和皮屑等。羊舍内的颗粒含量主要与羊舍地板类型、日粮形状、舍内湿度及通风量（风速）等因素有关。

（二）微粒对肉羊健康与生产性能的影响

颗粒物对肉羊的危害程度主要取决于颗粒的大小及其化学成分。直径大于 10μm 的颗粒物为可沉降颗粒物，被动物吸入后几乎完全沉积于动物鼻咽部位；PM_{10} 为颗粒直径小于 10μm 的颗粒，可吸入羊的呼吸道，主要沉积在支气管部位，造成呼吸道感染；$PM_{2.5}$ 为颗粒直径小于 2.5μm 的颗粒，主要沉积在羊肺泡组织中，并且颗粒直径越小沉积量越大。

颗粒物吸附沉积在肉羊呼吸道和肺部，本身就具有刺激性，加之其上附着有致病微生物、污染物等加剧了对肉羊健康的危害。大的颗粒物沉降在羊体表，可与皮脂腺分泌物、微生物、皮屑等混合，堵塞皮脂腺，造成动物皮肤干燥，易损伤，刺激皮肤发生瘙痒，影响毛绒生长或造成毛绒脱落。颗粒物进入眼睛可引发结膜炎及其他眼部疾病。PM_{10} 等被吸入呼吸道的颗粒物刺激鼻

腔黏膜、气管、支气管，引起呼吸道上皮细胞炎症等呼吸系统疾病；PM$_{2.5}$可进入肺部，引起肺炎和肺泡积液。这些由颗粒物引发的健康问题或导致的疾病，必然会造成肉羊采食量和饲料转化率下降，进而影响繁殖性能、体重增长、毛绒生长等主要生产性能。

五、空气微生物

（一）羊舍内空气微生物的来源

空气微生物是集约化养殖环境污染控制和生物防控的重点。羊舍空气微生物来源广泛，一方面自然界大气中微生物可随空气进入羊舍；另一方面肉羊养殖生产过程也会产生空气微生物，如羊排泄的粪尿、打喷嚏、咳嗽、剩余的饲料及垫料上存在的微生物等。羊舍空气中微生物通常附着于悬浮的固态或液态微粒上，在气体介质中形成稳定的分散体系，称为微生物气溶胶。微生物气溶胶是空气微生物存在的主要形式，病羊粪尿、分泌物及打喷嚏、咳嗽喷出的飞沫中含有大量致病微生物（如沙门氏菌、巴氏杆菌、致病性大肠杆菌、葡萄球菌、链球菌等），其形成的气溶胶是造成羊群疫病感染和流行的主要原因。

（二）空气微生物对肉羊健康与生产性能的影响

空气微生物可分为病毒、细菌和真菌三大类，根据其是否能引起动物发病，可分为非致病微生物、条件性致病微生物和致病微生物。非致病微生物一般不直接引发疾病，但若达到较高浓度也可对羊群产生危害，主要体现在加重机体的免疫负荷、降低抗病能力、增加易感性、使条件性致病菌产生致病能力等；条件性致病微生物在特定条件下能够发挥其致病作用；致病微生物感染则能直接引发疾病。空气中的致病微生物和条件性致病微生物统称为病原微生物，病原微生物可附着于颗粒物形成气溶胶进行传播，因此微生物的传播与颗粒大小有关。羊舍中微生物主要存在于PM_{10}颗粒上。当羊吸入PM_{10}颗粒时，由于粒径太大，只能到达鼻腔和上呼吸道，从而引发咽炎、喉炎及气管炎等疾病；当羊吸入$PM_{2.5}$微生物气溶胶时，这些颗粒可通过呼吸道进入小支气管和肺泡，甚至进入血液，常会引起哮喘、支气管炎、肺炎、肺水肿等疾病。由于微生物将颗粒物作为载体，因此能够使空气中颗粒物数量增加的因素也有可能导致空气微生物数量增多。

空气微生物能降低羊群的免疫力，引发一系列疾病，进而影响肉羊生长和羊肉的品质，有些微生物能够引起阴道炎、子宫炎，造成母羊不孕、流产等，降低繁殖性能。

第二节　肉羊舍气体环境的影响因素

羊舍内空气质量主要与羊舍类型、饲养密度、通风换气的频率与换气量、饲养管理方式等因素有关。

一、养殖过程中影响氨气产生的因素

氨气是动物机体正常代谢的产物，主要来源于含 N 有机物氧化分解和氨基酸脱氨基作用。肉羊生产中，氨气转化为生产条件因素则表现为：季节、生长阶段、舍内小环境、圈舍结构、饲料组成成分、饲料转化率、通风条件、垫料或地板类型、清粪方式、饲养密度、粪尿微生物、含水量、pH 等。

（一）季节因素

季节的不同首先体现在温度的差异上，这也是天气状况影响氨气排放的主要因素（陈家顺等，2016）。尤其在我国北方，四季分明，夏季炎热，畜舍内微生物发酵作用增强，同时较高温度会使氨气挥发速度加快。也有学者提出，虽然夏季氨气产生的速度高于冬季，但季节性影响并不显著（陈峰，2014）。冬季寒冷，低温抑制脲酶活性和氨气挥发，导致氨气生成减慢。但是畜舍环境的复杂性有时也会造成冬季氨气浓度高于夏季的现象发生。例如，在饲养管理条件较好的羊舍，夏季炎热会加大通风换气量，舍内氨气随风排出；而冬季通常关闭门窗、减少通风换气以加强羊舍保温，虽然氨气产量小，但长期积聚也会造成氨气含量过高。如果遇上产羔，舍内密度变大，母羊和羔羊代谢较快、粪尿增多，微生物又在适宜的温度下发酵，势必产生大量氨气，往往造成冬季 NH_3 浓度反而高于夏季（蔡丽媛，2015）。随着养殖业越来越高重视环境控制，畜禽舍已逐渐形成小气候控制，季节变化的影响也越来越小（李聪，2014）。

（二）生长阶段因素

不同生长阶段的肉羊，由于各阶段饲养方式、饲料组成以及自身代谢的差异，排放氨气的量是不同的。国内外对羊氨气排放规律进行了不少研究，Misselbrook 等（2000）估算出 3～6 月龄羔羊在育肥期间的氨气排放量约每头每天 0.3g。肉羊在生长期的氨气排放随体重的增加而增加。研究发现，成年羊每头每天的氨气排放量约 2g，是羔羊的 6.67 倍。早期研究也表明（Hutchings 等，2001）成年羊氨气排放量普遍高于羔羊，低海拔舍饲养殖羊显著高于高海拔舍饲养殖羊。丹麦学者研究表明（Hutchings 等，2001），放牧山羊和绵羊氨气排放量显著低于舍饲山羊和绵羊，主要是饲料营养结构不同，舍饲羊采食的饲料排泄物中含有大量的含氮物质。

（三）羊舍环境因素

羊舍环境包括舍内温度、通风状态和饲养密度等人为可控的小气候条件。温度升高 1 倍，NH_3 浓度甚至会升高 2 倍（Blunden 等，2008）。高腾云等（2017）研究发现，封闭式羊舍温度为 23.44℃时，羊舍 NH_3 的浓度为 1.03mg/m³；当温度上升到 24.66℃时，测得 NH_3 的当天浓度为 6.16mg/m³。

通风不良（通风时间短、频率少、通风量小）都会导致舍内氨气积聚。研究发现（许鑫等，2018），使用 2 台风机对陕北白绒山羊圈舍进行通风处理 6h，氨气浓度由 40.3mg/m³ 降到 11.1 mg/m³。通风处理能显著降低舍内氨气浓度，提高舍内小气候环境清洁度，提高肉羊舒适度。

控制羊舍环境温度和改变通风方式都可调节 NH_3 含量（Julien 等，2020）。通风强度和饲养密度是困扰许多养殖场的难题，密度过小，造成空间资源及通风费用浪费；密度太大，又会导致单位面积羊只数目增大，通风强度大，维修运营成本增加。为此，健全高效规模肉羊养殖与畜舍相匹配的通风设施很有必要。

（四）羊舍结构

影响舍内氨气产生的畜舍结构因素主要包括畜舍通风结构、排污系统构造、垫料使用情况、地板类型和空间位置等。

通风量是估算有害气体浓度的基础（Saha 等，2013）。良好的畜舍结构能维持足够的通风量，使空气在舍内便于流通，物质交换

充分，调节温度，提高空气质量，维持肉羊养殖正常的新陈代谢以提高养殖效率（Evola 等，2006）。排污系统的构造应遵循明沟集雨，暗沟排污的原则。明沟可将雨水直接排入河流或者地表。羊粪一般采用干式清粪，用刮粪板清理，将粪污集中无害化处理后用作肥料；尿水及清洗羊舍的污水通过暗沟排入化粪池，减少氨气源（朱清妹，2020）。肉羊肥育生产中，最先采用的是地面养殖，排泄产生的粪污容易发酵产生有害气体，后来采用了新的垫料，改善了肉羊养殖环境。杨渗等（2017）利用稻草、醋糟、食用菌糠 3 种不同物料作为羊舍垫料进行试验，发现试验组与对照组相比蚊蝇少、羊舍湿度低，显著降低了氨气排放量，且醋糟效果明显，无板结现象。Wheeler 等（2003）发现垫料重复使用也会使氨气浓度升高。之后，出现了漏粪地板，舍内环境得到了进一步改善。Hernández 等（2014）发现，使用漏缝地板养殖的山羊比地面养殖的山羊畜舍氨气浓度降低 29.6%，同时降低了弓形虫发病率。不同种类的漏粪地板，对肉羊养殖的环境和行为有很大的影响。研究表明，竹板比水泥材料的漏缝地板对湖羊关节皮肤磨损率低 14.71%；圈舍环境评分和羊群整洁度高；而羊群肢蹄变形率高 8%（李若玺等，2017）。

降低羊舍粪污产生的有害气体和有害菌繁殖速率，改善羊舍养殖环境，增加清粪频率，排粪系统和排粪方式就显得尤为重要。研究表明，每周采用刮粪板清粪可降低 40% 的氨气排放量（蔡丽媛，2015），清粪频率和清粪效率是主要影响因素（冯豆等，2017）。

（五）饲料组成成分

饲料中的蛋白质、矿物质、纤维素及各种添加剂含量与畜舍氨气含量都有一定的关系，其中饲料蛋白水平被认为是影响粪便中氨产生的重要因素之一。饲料中蛋白质经动物代谢产生尿酸和尿素，粪尿中的尿酸和尿素被微生物分解产生氨。研究发现，两组日粮粗蛋白质含量分别为13％和11.3％的肉牛，在密闭环境中测定，11.3％试验组氨气排放量显著降低了44％（Todd等，2006）。虽然氨气的排放与日粮粗蛋白呈正相关，但是在实际生产中不能一味地降低饲料中蛋白质含量，只有提高饲料转化率，减少动物无法吸收的无效蛋白质流失，才是根本有效的方法。

饲料氨基酸的组成和比例与动物维持和生产所需要的氨基酸一致，我们称之为理想蛋白质的日粮，但是这种理想状态很难达成，因此从营养物质平衡的角度来调整饲喂方案值得关注。饲料中铜、锌、锰、镁等矿物质的含量会对动物消化吸收饲料中的蛋白质产生一定影响，同时抑制尿酸氧化酶（由芽孢杆菌产生）的活性（李聪，2014）。合成氨基酸的添加会使饲料蛋白质含量降低，提高饲料转化率，有效利用营养物质，从而减少粪尿中氨气的挥发量（周苗，2014）。Smith等（2000）发现肠道微生物可以将尿素转化并以菌体蛋白的形式随粪排出，因此可以在饲料中降低尿素添加水平，减少微生物转化，进而降低氨排放。添加适当比例的皂苷和菊粉可降低羔羊的氨气排放（Wettstein等，2002）。另外，在畜禽饲料内加入微生态制剂、酶制剂等各种可以提高饲料转化率的添加剂，均能达到氨气减排的效果（龚飞飞，2011）。

（六）粪尿pH

在粪尿中氨气存在一个动态平衡，即NH_4^+和NH_3的互相转化。该平衡在畜舍氨气产生过程中是一个重要因素，而粪尿pH作为其中一个影响条件，略微的改变都会破坏原有的平衡，降低pH会使平衡向NH_4^+移动（李聪，2014）；升高会向相反方向移动，促进氨气生成，达到新的动态平衡（Cortus等，2008）。经化学试

验证明，在溶液呈中性或酸性，其中当 pH 小于 4.5 时，氨气基本不挥发，而 pH＞7，将从溶液中挥发出大量氨气（黄国锋等，2002）。Liang 等（2004）通过堆肥，研究不同 pH 下氨气的挥发机制，结果表明，pH＞7 时，大量氨气从堆肥中散出。因此，及时清粪可降低粪尿 pH，可以减少动物排泄物中氨气的挥发。

（七）粪便中的微生物

动物的粪便中存在大量微生物，其中许多微生物可以对含氮物质进行分解或发生脱氨作用，如枯草芽孢杆菌和大肠杆菌（李聪，2014）。因此，动物排泄物中的微生物种类、数量和活性都会影响畜禽舍内各种含氮物质引起的氨的产生。

（八）粪便含水量

粪便中的含水量对于氨气的影响具有两面性，从氨气易溶于水的性质，含水量升高氨气溶解，不利于氨气在畜舍的挥发，但足量的水为微生物分解含氮物质产氨提供了有利条件（李聪，2014）。通过长期研究，水含量的增加确实可以抑制氨气的挥发，但随着时间的延长，氨气又开始大量产生，呈现无明显规律的上下波动，并没有随粪便含水量的变化，呈线性增加或减少（陈国营等，2011）。具体的变化规律要进一步探索。

二、养殖过程中影响硫化氢产生的因素

硫化氢的来源与氨气相似，主要来源于有机硫化物的分解。有机硫化物主要存在于畜舍内动物的粪便、饲料残渣以及垫草垫料（Fehlberg 等，2017）。含硫有机物在无氧条件下被细菌分解

（Arogo 等，2000），从而产生硫化氢。

研究表明，冬季畜舍硫化氢含量较低，甚至检测不到；夏季时硫化氢含量较高，尤其是一些密闭畜舍。粪便是畜舍内硫化氢的主要产出源，影响其中含硫有机物分解的因素包括日粮含硫量、温度、粪便 pH、粪便含水量（欧阳宏飞等，2008）、微生物种类和数量等。硫化氢因产自地面，且比空气重，所以愈接近地面，浓度愈高（孙建忠，2015），这也间接表明通风情况是影响畜舍硫化氢浓度的因素之一。

综上所述，影响畜舍硫化氢产生的因素与氨气相似，也主要包括：季节、舍内小环境、通风条件、垫料地板类型、粪尿微生物、含水量、pH 等。

第三节　肉羊饲养气体环境参数推荐值

适宜的羊舍气体环境是保障肉羊高效健康养殖的必要条件。随着养羊业的集约化发展，羊舍气体环境对羊肉生产和健康的影响越来越受到人们的关注和重视。羊舍气体环境通常包括有害气体、粉尘、微生物这三类对羊群健康有较大影响的环境因子。羊群长期生活在有害气体超标的环境，机体各项机能受到损伤，免疫力低下，进而使死亡率提高，制约养羊业的发展。制定肉羊适宜环境有害气体控制参数并将其用于实际生产管理，对于确保羊高效健康生长、提高肉羊养殖效益具有重要意义。

一、有关畜禽养殖空气质量的国家标准

《畜禽场环境质量评价准则》（GB/T 19525.2—2004）规定年平均存栏数达到一定数量的集约化畜禽养殖场为规模化畜禽养殖场，具体为：规模化猪场≥3 000 头，规模化奶牛场≥300 头，规模化肉

牛场≥500 头，规模化蛋鸡场≥90 000 只，规模化肉鸡场≥180 000 只。但未对肉羊场的规模做出规定。

《畜禽养殖业污染物排放标准》（GB/T 18596—2001）规定了集约化畜禽养殖场水污染物、恶臭气体的最高允许日平均排放浓度，该标准不仅没有规定畜禽舍内有害气体浓度具体指标参数，而且在集约化畜禽养殖场的适用规模中没有涉及羊这一畜种。

《畜禽场环境质量标准》（NY/T 388—1999）规定了畜禽场必要的空气、生态环境质量标准以及畜禽饮用水的水质标准，但也未涉及羊场空气质量标准。

《畜禽场环境质量及卫生控制规范》（NY/T 1167—2006）中对畜禽场空气环境质量及卫生指标的要求是直接引用《畜禽场环境质量标准》（NY/T 388—1999）。

综上所述，目前在国家标准和国家农业行业标准中，还没有肉羊舍饲的空气环境质量标准。

二、有关畜禽养殖空气质量的地方标准

《畜禽场环境影响评价准则》（DB11/T 424—2007）规定了大气环境影响评价的评价参数主要是畜禽舍内、粪堆、粪池和厕所周围所散发的有害气体，包括氨气、硫化氢、二氧化碳、空气中细菌总数、可悬浮颗粒物等。对场区、舍内有害气体的含量要求，也是引用和参考《畜禽场环境质量标准》（NY/T 388—1999）。

《牛羊规模化养殖场环境质量要求》（DB14/T 588—2010）规定了畜舍、场区、缓冲区的空气环境质量要求（表 3-1）。

表 3-1　规模化养殖场畜舍、场区、缓冲区空气环境质量要求

项　目	牛舍		羊舍		场区	缓冲区
	犊牛舍	成年牛舍	羔羊舍	成年羊舍		
氨气浓度（mg/m³）	≤18	≤20	≤12	≤18	≤5	≤2

（续）

项 目	牛舍		羊舍		场区	缓冲区
	犊牛舍	成年牛舍	羔羊舍	成年羊舍		
硫化氢浓度（mg/m³）	≤6	≤8	≤4	≤7	≤2	≤1
二氧化碳浓度（mg/m³）	≤1 350	≤1 500	≤1 200	≤1 500	≤700	≤400
可吸入颗粒物浓度（mg/m³）	≤2	≤2	≤1.8	≤2	≤1	≤0.5
总悬浮颗粒物浓度（mg/m³）	≤4	≤4	≤6	≤8	≤2	≤1
恶臭（无量纲）	≤70	≤70	≤50	≤50	≤30	≤10～20
细菌总数（个/m³）	≤20 000	≤20 000	≤20 000	≤20 000	—	—

《牛羊规模化养殖场环境质量要求》（DB14/T 588—2010）中涉及的空气质量指标内容更细致，从畜种生理阶段上分为羔羊（犊牛）和成年羊（成年牛），从场区功能上分为羊舍、场区和缓冲区。因此，《牛羊规模化养殖场环境质量要求》（DB14/T 588—2010）更具可操作性。

三、现有标准的局限性和存在的问题

上述现有国家标准和国家农业行业标准中，涉及的畜禽养殖环境空气质量项目和指标参数基本都是引用或参考《畜禽场环境质量标准》（NY/T 388—1999）。这些标准只涉及猪、禽、牛三个畜种，没有包含羊场空气质量标准。

《牛羊规模化养殖场环境质量要求》（DB14/T 588—2010）涉及的空气质量项目进一步划分了羊场不同功能区的不同要求以及幼龄羊与成年羊对舍饲环境空气质量的不同要求。但是没有区分季节，如北方寒冷的冬季和炎热的夏季，因不同季节对羊舍保温的要求不同，故很难将舍内有害气体控制在同一个水平。

四、依托环境生理项目研发制定的陕西省地方标准

以国家重点研发计划项目"养殖环境对畜禽健康的影响机制研究"课题"肉牛肉羊舒适环境的适宜参数及限值研究"相关研究结果为基础数据，结合我国肉羊集约化养殖舍饲环境空气质量控制生产实际，特别是北方地区四季分明，冬季寒冷、夏季炎热，笔者所在团队结合温湿度控制，确定了不同季节肉羊舍适宜环境有害气体限值（表 3-2、表 3-3），参与制定了陕西省地方标准《肉羊舍饲养殖温湿度与有害气体控制参数要求》（DB61/T 1391—2020）。为我国今后研究、修订羊舍气体环境参数以及实际养羊生产中环境管理提供参考和理论依据。

表 3-2   不同季节羊舍温湿度参数要求

季节	舒适温度（℃）	可适应温度（℃）	温度限值（℃）	适宜相对湿度（%）	相对湿度限值（%）	风速（m/s）
春季	15~25	0~30	≥−10，≤30	45~65	≥20，≤90	0.1≤0.5
夏季	22~28	5~34	≥5，≤35	45~65	≥20，≤85	0.3≤1.5
秋季	18~25	5~30	≥3，≤32	45~65	≥20，≤85	0.3≤1.5
冬季	15~23	0~28	≥−40，≤30	45~65	≥20，≤90	0.1≤0.3

注：表中所示温湿度参数不适用 7 日龄以内的初生羔羊；夏季参数对绒毛用羊来说适用于剪毛后状态。

表 3-3   不同季节羊舍空气中有害气体控制参数（mg/m^3）

季节	NH_3	H_2S	CO_2
春季	25	8	2 000
夏季	20	6	1 500
秋季	20	6	1 500
冬季	20	8	2 000

注：舍内空气中各类气体浓度应小于或等于表中相应指标参数。

第四章
肉羊饲养光照环境

在肉羊的日常生产管理中，相比于温热环境、有害气体和饲养密度这几种环境因子，羊舍的采光只在羊舍规划设计和建设过程中一次性布局。但是光照作为圈舍环境重要的因素之一，直接影响肉羊的生物节律、行为表现和整体活动，进而影响肉羊的生产、健康状态以及动物福利等。因此，依据肉羊的视觉和需求来给予合理的光照是十分必要的。

第一节　羊舍光照环境因子对肉羊生产与健康的影响

一、光照的作用

自然光源（太阳光）主要由不同波长的红外线、紫外线和可见光构成。

1. 红外线　太阳辐射中的红外线大部分集中在波长 $760 \sim 2\,000$nm 的范围内，对机体主要产生热效应。红外线能量在照射部位皮肤和皮下组织中转化为热能，促进血管扩张，降低内脏血压，改善血液循环，对肉羊健康和生长发育有利。此外，波长 $760 \sim 1\,000$nm 的红外线，可促进机体内酶分子的运动，改变酶分子的结

构和排列，提高酶的活性，从而影响机体代谢过程，提高物质交换效率。因此，在肉羊生产中，可用红外线灯来照射羔羊，促使其生命力增强，成活率提高，生长发育加快。但是，应注意避免红外线过度照射引起的机体热平衡障碍和皮肤灼伤，以及"日射病"和眼疾。

2. 紫外线　紫外线具有较高能量，照射机体后会产生一系列的光化学效应和光电效应。波长 290～320nm 的紫外线照射可以将机体皮肤和皮下组织中的 7-脱氢胆固醇转变为维生素 D_3，从而促进机体肠道对钙的吸收，利于骨骼的生长发育。同时，紫外线可以改善机体代谢，有利于提高饲料转化率。紫外线在杀灭细菌、病毒和真菌方面也具有良好的效果，可以间接增强肉羊的机体免疫力。如果缺乏紫外线照射，就会使羔羊代谢紊乱，生长停滞，生产力下降，体质虚弱，发病率升高。在冬季育羔时要注意多晒太阳，必要时可以在舍内安装紫外线灯补光。但要注意，在羔羊采食含有叶红素的荞麦、三叶草和苜蓿等植物，或机体本身产生异常代谢物，或感染病灶吸收病毒等的情况下，阳光中的紫外线会激发这些光敏物质对机体产生明显的作用，引起"光敏反应"，导致皮肤过敏、皮肤炎症或坏死现象。

3. 可见光　阳光中可见光作用于机体皮肤可引起一定程度的热效应，因而对羔羊的新陈代谢具有促进作用，同时对机体健康、生长发育产生良好的影响。光照是影响肉羊繁殖的重要环境因子之一。不同的光照周期或光照时间对公羊和母羊机体激素水平，如褪黑素（MLT）、黄体生成素（LH）、促卵泡激素（FSH）和催乳素（PRL）等及性腺发育有着重要作用，结果影响公羊的睾丸发育和生精效率以及母羊的初情启动和发情间隔，对肉羊繁殖性能具有重要影响。此外，光照周期和光照度也会对肉羊育肥期的生长性能及肉品质产生影响，但不对体内脂肪产生影响。持续的长光照或连续照明虽然大大增加了采食时间，但似乎无法增加体重。此外，持续的强光照也会引起肉羊兴奋、烦躁，甚至诱导羊的异食癖的发生。因此，圈舍内提供合适的光照十分重要。

二、不同光照信息对肉羊的影响

（一）光照波长

光具有波粒二象性，既表现为波动性，也表现为粒子性。由于光的粒子性对生物的影响研究资料较少，因此此处只讨论光的波动性对肉羊的影响。

1. 红外线 红外线具有光热效应，可促使羊羔全身血管扩张，降低内脏血压，加快血液循环，对健康和生长发育有利。因此，在肉羊生产中，常用红外线灯来照射羔羊，增强其生命力，提高成活率，加快生长发育。

2. 紫外线 紫外线不仅具有杀菌作用，还可以改善钙、磷代谢并增强机体的免疫机能。如果缺乏紫外线照射，就会使羊羔代谢紊乱，生长停滞，生产力下降，体质虚弱，发病率升高。在冬季育羔时要注意多晒太阳，必要时可以在舍内安装紫外线灯补照。

（二）光照周期

光照周期也可称为光照节律，是指昼夜周期中光照期和暗期长短的交替变化，在生产中常描述为每日光照时长或每日光照时长与黑暗时长之比（即 L：D）。通常认为，光照周期本身并不对肉羊的生理功能产生影响。羊本身具有自身的光敏性的内源性昼夜节律，当外部光与该节律的光诱导相一致或不一致时，即刺激或不刺激生理反应。因此，关键因素是光照周期与羊自身昼夜节律之间的相位关系。通过使用明暗循环或夜间黑暗中断试验获得的结果表

明，光照的持续时间或黑暗的持续时间或两者之间的比率，都不是引起睾丸重量，充血性皮肤潮红，公羊催乳素（PRL）和 MLT 分泌，或母羊的发情和 PRL 和 MLT 的分泌的光周期反应的决定因素。在夜间黑暗中的短试验中，羊被暴露在短光照周期内，夜晚被一小段光脉冲干扰（7L∶9D∶1L∶7D），导致母羊卵巢活动的全天响应。所以日照长度不是通过光照的总持续时间来衡量，一种可能是通过白天两个特殊位点的光照度来引起光敏性的昼夜节律；而另一种可能因其相对于羊自身昼夜节律和外源性光诱导的位置而引起生理反应。

1. 光信号传导 光照周期或光照信号通过视交叉上核-松果体（PG）-下丘脑-垂体轴调控羊的生理反应（图 4-1），其关键调节点是 PG 分泌的神经内分泌激素 MLT。MLT 呈昼低夜高的昼夜节律性，光照抑制 MLT 的分泌，黑暗则促进 MLT 的分泌，24h 内 MLT 浓度峰值出现在 2∶00，谷值出现在 18∶00。MLT 作为环境信息的传递者，调节动物的免疫功能和繁殖能力。所以通过灌注、摄取、注射或恒定释放的方式进行 MLT 给药，都可以模仿短光照周期控制绵羊和山羊的生殖周期，而不必使用避光的建筑物。例如，夜晚将 MLT 以短日照模式（8L∶16D）输注到 PG 切除的母羊中，导致高频 LH 脉冲。相反，在长日照模式（16L∶8D）接受 MLT 的 PG 切除母羊中，没有观察到 LH 脉冲。此外，光照脉冲影响羊的 MLT 的水平，白天的长度是由一天中两个光照位点决定的，即使两位点之间的没有光照。同样，在光照度不足的"主观"白天，MLT 的血浆水平不一定低。夜间黑暗中断试验，在这两个光照部分中，所有母羊的血浆 MLT 含量都很低。但是在第二天晚上，血浆 MLT 水平仍然很低或不同母羊之间的变化很大，这可能与光脉冲的位置有关。然而，这些母羊在卵巢周期和 PRL 分泌方面的反应与 MLT 水平一致，似乎在第二个黑暗部分中 MLT 的分泌几乎没有作用。

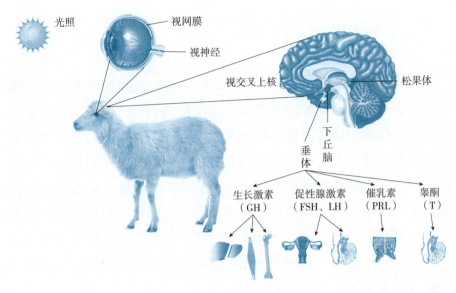

图 4-1 光照对羊影响的模式

2. 光照周期调控母羊繁殖性能 在正常情况下，母羊繁殖的开始并非白天缩短所致，而是其对习惯了的长日照变得没有反应所致。绵羊在非繁殖季节里施以短日照处理可促进繁殖季节的到来。妊娠早期 4 个月内 18L：6D 光照周期，妊娠、分娩和产后早期 4 个月内 10L：14D 光照周期比恒定 10L：14D 光照周期诱导发情和排卵效果更好，但多产（每头母羊出生的羔羊数量）不受光照周期的影响。

3. 光照周期影响育肥效果 饲养于 16L：8D 光照周期中的肥育公羔羊较 8L：16D 光照周期中生长快，饲料转化率和胴体量也较高，PRL 浓度也受光照周期的影响。对于生长发育中的肉羊，PRL 可能控制其生长和性成熟过程，间歇光照、长光照和持续光照一样，能提高绵羊血中 PRL 浓度，如对于成年羊，7L：9D：1L：7D 和 16L：8D 光照周期的 PRL 都显著升高。药物抑制 PRL 的分泌后绵羊的采食量和增重减少。说明光照周期可通过调控 PRL 水平调节绵羊采食量和增重。

（三）光照度

光照度以勒克斯（lx）为单位，代表光的亮度。羊舍内所需的光照度以羊视网膜接收的光照度或眼部检测到的光照度为准，最低光照度应让羊能够区分细小物体和微弱的光信号。与较大光照度的漫射日光不同，人工照明可能需要昼夜之间有清晰的对比度，且超过100lx的光照度才被绵羊认为是"白天"，光照才会影响羊体内褪黑素的产生，进而调控相应生理活动。光照周期可能比光照度对羊的季节性生产更重要。此外，光照度对肉羊的影响研究并不充分，因此需要进行更多的细分光照度对肉羊影响的研究，以期提出正确的光照度建议。

非繁殖季节对蒙古羊母羊补充200～250lx光照进行先长（3月30日开始每日延长0.5h光照，至16h/d后保持30d）后短（从5月5日开始每日减少0.5h光照，至8h/d后持续至6月28日结束）的光照周期处理，在非繁殖季节能显著提高试验组绵羊的发情率（91.7%）及排卵效果（90.9%）。也有研究发现，分别采用20lx和30lx白炽灯补充光照。光照调控程序为12月18日至翌年1月5日光照时间每天增加0.5h，至光照16h/d后维持30d；2月7日起每天减少10min，直至光照11h/d后维持到4月底。自然光照周期发情率为75%，而补光母羊发情率分别为91.67%和83.33%；自然光照周期受胎率为77.78%，而补光母羊发情率分别为81.82%和80.00%；补光母羊胎均产羔数分别比自然光照母羊提高0.13头和0.07头。另外，采用相对高强度的人工照明（800～900lx），饲养于16L∶8D光照周期公羔比8L∶16D光照周期的胴体重增加，采食量也增加。但需要注意的是，单独的光照度的研究并不充分，更多的研究是以光照周期为主要研究对象，施以特定光照度来研究其对肉羊的影响，故需要进行更多的研究以揭示光照度的影响。

三、光照对肉羊的影响

（一）光照对繁殖性能的影响

光照是影响肉羊繁殖性能的一个主要原因。羊为短日照季节性发情动物，在自然条件下，对于性成熟的母羊，光照缩短，会使其生殖机能处于兴奋和旺盛状态，促使其发情。反之，光照时间延长则会抑制母羊发情。这种季节性繁殖活动可使后代羔羊出生于最容易得到食物的季节，以增加子代存活机会。虽然有一些常年发情的绵羊品种（如小尾寒羊、湖羊），但其发情率、排卵数还是在日照时间由长变短的秋季最高。绵羊生殖季节的开始并不是因为秋季的短光照（或光周期缩短）激活所致，而是因为对以前起抑制作用的长光周期形成不应性的缘故。同样，生殖季节终止于春季，也并非长光照（或光周期延长）的抑制作用，而是由于对以前曾起促进作用的短光照失去了反应性。光照周期的作用似乎是引导内源性生殖节律在适当的时间进入（或终止）生殖活跃期，而并非是简单的激活或抑制绵羊的生殖活动。如春季对母羊直接进行短光照处理不能诱导母羊提前发情，母羊必须经过一段时间的长日照后，才能对短日照产生反应，使成年母羊秋季发情开始时间提前，或青年母羊性成熟提前。在绵羊公羊上进行的试验也证明，只有经受一段时间的长日照后，皮下埋植 MLT 才能引起睾丸重新发育。目前，各国学者普遍认为，内源性节律与环境光周期形成动态匹配，从而导致绵羊在每年的特定时间分别形成规则的性腺活跃期和静止期。

在绵羊中，雄性和雌性对光照的影响反应不同。雄性和雌性在不同的光周期下均表现出生殖成熟，春季出生的雄性在春季（延长的光照）开始成熟，而雌性则在秋季（缩短的光照）开始成熟。说

明雄性和雌性不一定具有相同的光周期敏感性。在每年变化的情况下，公羊的性腺刺激比母羊的性腺刺激早1.5~2个月。此外，在人工持续不断的短光照周期下饲养的公羔的睾丸生长没有延迟，而雄性羔羊的褪黑激素植入并未影响生殖激素的分泌。相比之下，当雌性长期处于光照周期或接受褪黑激素植入或在相反的季节出生（秋季）时，青春期就会大大延迟，以至于发育期间的日长变化会逆转。

1. 公羊

（1）公羊生殖活动的季节性节律　在自然条件下，春季同一只公羊的性欲、精子活力、精子完整率都明显低于秋季在同样的营养水平条件下的繁殖状态。成年 Ile-de-France 公羊的睾丸重量从冬季末到春季初的180~190g 到夏季末和秋季的300~320g。在未受交配训练的公羊中，睾丸重量的增加开始于夏季开始之前，而其消退开始于冬季之前。睾丸的重量决定生精效率，故生精效率随季节而变化。春季每克睾丸薄壁组织平均产生 $8.5×10^6$ 个精子，而秋季则为 $12.2×10^6$ 个。此外，在春季和秋季使用冻精对母羊进行人工授精时，春季的精液质量（正常精子的百分比）及其生育能力低于秋季。在夏季和秋季公羊的性行为也要比冬季或春季高。同样，据产于北欧的芬兰羊和萨福克羊无论血清睾酮浓度、交配强度或是精液质量都是春夏季低、秋冬季高，在3月、5月、7月精子浓度和活力都下降，12月具有形态正常精子顶体的比例最高，7月最低，芬兰羊分别为91.5%和35.0%，萨福克羊分别为89.5%和39.4%（表4-1）。如果人为增加秋季的光照时间，减少春季的光照时间，能够使其性活动季节发生改变。在澳大利亚对美利奴羊进行周年的反常光照试验，这些羊在2—4月间（南半球的秋季）的精子活力、正常精子比例、精子浓度和精子总数都比自然光照组低。

表 4-1　公羊繁殖指标的季节性变化

项目	品种	月份						
		10	12	1	3	5	7	9
血清睾酮浓度（ng/mL）	芬兰羊	6.9	5.1	3.6	1.0	3.0	3.6	6.8
	萨福克羊	6.0	3.0	1.0	1.0	3.0	3.6	6.8
交配强度[a]	芬兰羊	7.4	5.4	4.2	4.0	3.0	3.8	3.6
	萨福克羊	5.8	3.4	2.6	2.4	2.4	2.2	2.7
睾丸直径（cm）	芬兰羊	7.7	7.9	6.5	6.1	5.7	6.0	6.5
	萨福克羊	7.6	7.6	7.1	6.8	6.4	6.5	7.2

注：[a] 以卵巢摘除诱致发情的母羊试情，20min 内完成交配的次数。
资料来源：黄昌澍，1989。

　　雄性的性活动取决于垂体的促性腺功能，如 LH。LH 的分泌特征是脉冲式的，每次 LH 脉冲都会诱发一个睾丸激素峰。因此，睾丸激素峰值的频率随着 LH 脉冲的频率而增加。在 Ile-de-France 公羊的 LH 浓度从 6 月底到 11 月底是 12 月到 5 月的 2 倍。LH 脉冲频率在冬季开始时较低（3 次脉冲/24h），而在 6 月初则较高（6 次脉冲/24h）。具体来说公羊血浆 FSH 水平从 4 月到 5 月开始上升，在 8 月至 9 月达到最大值，然后开始下降。

　　（2）人工光照调控公羊生殖活动　　人为逆转光周期变化的季节性节律导致公羊的睾丸大小的增加和消退。在一个为期 6 个月的模拟再现日照的年度变化光照周期下，公羊接受这种日间变化的节奏后，每年显示两个阶段的睾丸生长和两个阶段的睾丸退化。当日照时间最长时开始增加，而当日照时间最短时结束。恒定长光照周期（16L：8D）和恒定短光照周期（8L：16D）的交替也会引起公羊性活动和不活动的交替。所以，缩短光照可提高公羊的繁殖力，如将绵羊光照时间从 13h/d 缩短到 8h/d，公羊精子活力和正常顶体增加 16.6% 和 27.0%，用短日照处理公羊的精液配种，母羊妊娠率和产羔率分别比自然光照增加 35% 和 150%。

　　2. 经产母羊　季节性繁殖动物的繁殖活动受到多种因素的影

响，如光照、温度、纬度、营养条件，其中光照起着重要的作用。绵羊是季节性发情动物，性腺在光照时间逐渐缩短的秋季开始活动。此外，绵羊繁殖季节开始于秋季，并不是因为秋季的光照周期缩短所致，而是因为绵羊对长光照周期的抑制作用失去了反应性。同样，绵羊在晚冬停止繁殖活动，也并非对逐渐变长的光照周期产生了抑制作用，而是因为对短光照失去了反应性。由此看来，光照周期的作用应该是引导内源性繁殖节律在适当的时间开始或停止繁殖活动。春夏季长光照所起的作用是协调动物的内源节律性，使绵羊在光照逐渐缩短的秋季开始繁殖。目前，国内外学者普遍认为，内源性节律与光照周期形成的动态匹配是导致绵羊形成规律性的发情期与非发情期的主要原因。

（1）光照调控母羊繁殖活动　母羊妊娠期及妊娠结束和泌乳开始均受光照周期控制。通常，母羊排卵和发情活动开始于夏季的中末期，即白天时间逐渐减少，而结束于冬季，即白天时间逐渐增加。排卵活动和发情行为均表现出季节性变化。从繁殖季节开始到繁殖中期，排卵率增加，然后下降。在一个为期 6 个月的光照周期下，它在 6 个月内再现了日照的年度变化，母羊经历了两个性活动期，从最短的日照开始到最长的日照结束。最后，恒定的长光照周期（16L∶8D）和恒定的短光照周期（8L∶16D）的交替引起母羊的繁殖活动和不活动的交替。在每 3 个月轮换一次的情况下，排卵期从长光照周期转为短光照周期后的 50d 内开始。此外，胎羊可能会收到子宫内的光照信息并对其做出反应。从妊娠后期（妊娠 100～147d），将萨福克妊娠母羊维持在长光照周期（16L∶8D）或短光照周期（8L∶16D）的人工光照周期中。分娩后所有的羔羊和母羊都转移到 12L∶12D 的光照周期中。在长光照周期中母亲所产羔羊，出生后前几天的血清 PRL 浓度较高，但在产后 14d 内迅速降至低水平。相反，短光照周期中母亲所产羔羊最初的 PRL 浓度较低，但在出生后 32d 时逐渐升高。因此，羔羊出生时的血清

PRL 浓度反映了母羊的光照周期调控，随后对 12L：12D 中间光照周期的 PRL 反应取决于子宫内接受的光照周期史。因此，胎羊会收到子宫内的日长信息并对其做出反应，并在出生前开始发展季节性的光照周期史。

（2）光照调控子代发育　产前光照周期可能导致出生时或产后早期羔羊躯体发育的变化。研究表明，即使妊娠母羊可获得充足的食物，春季双羔羊的出生体重也要比秋季双羔羊的出生体重高。研究还表明，从妊娠的第 100 天到哺乳的第 60 天，经历长光照周期（15.5L：8.5D）母羊所产双胎羔羊要比短短光照周期（8.5L：15.5D）母羊所产双胎羔羊体重大，尽管它们的食物摄入量相同，且这种体重之间的差异与体内脂肪无关。但也有研究表明，产前光照周期不会导致出生时体重和产后早期羔羊躯体发育的变化。如将 10 月下旬配种的萨福克母羊，在 $90 \sim 105d$ 的妊娠期置于光控室内，提供长光照周期（16L：8D）和短光照周期（8L：16D），产羔当天将新生羔羊及母羊转移到 12L：12D 光照周期的光控室内，光照度均约 350lx。短光照周期和长光照周期母亲所产羔羊的出生重之间没有显著差异，具体为：雄性羔羊为 $(5.2 \pm 0.4)kg$ 和 $(5.7 \pm 0.4)kg$；雌性羔羊为 $(5.0 \pm 0.4)kg$ 和 $(5.5 \pm 0.3)kg$。同样，出生后 32d 的体增重也无显著差异，具体为雄性羔羊为 $(285 \pm 18)g/d$ 和 $(297 \pm 31)g/d$；雌性羔羊为 $(269 \pm 12)g/d$ 和 $(298 \pm 23)g/d$。

（3）光照影响泌乳性能　光照周期同样对母羊的泌乳性能产生影响。长光照周期的绵羊母羊比短光照周期母羊产出更多的母乳，且在光处理反转后，母乳的产量曲线很快被反转。即使减少母乳干物质，长日照母羊的母乳每天的能量含量也比短日照母羊的母乳更高。在山羊中也发现有关光照周期对早期泌乳影响的类似结果。

3. 初产母羊　绵羊和山羊是短日照发情动物，光照可控制羔羊的性成熟时间，雌性绵羊的育成期光周期要求与成年绵羊繁殖季

节开始时的光周期要求不同。羔羊出生后，必须经历长光照变短的光周期才能在正常的年龄内达到性成熟。这是由于长日照对短日照动物繁殖活动促进具有一个后效应作用。通过比较成熟母羊及其春季出生的双胞胎雌性羔羊对光周期的生殖反应。夏至时，母羊从自然光周期转移人工光照周期（16L：8D），以使光周期不会降低，这些母羊在秋季的预期时间开始生殖活动。一半的双胞胎羔羊维持在模拟自然减少日照的光周期中，在所有羔羊的生殖活动与母羊同步发生（10月）。但是，维持在没有减少的人工光照周期（16L：8D），其余羔羊只有1/3开始了生殖活动，并且繁殖活动都有所延迟（3月）。因此，对于春季出生的雌性绵羊来说，光周期的减少对于正常生殖活动是必要的，而季节性乏情的成熟绵羊可以在光周期不减少的正常时间进入繁殖季节。这一结果的原因是：一方面诱发性LH分泌频率的增加是雌性绵羊中诱导卵泡发育并因此进入繁殖期的关键因素，而非脉冲幅度的增加；另一方面，初产母羊和经产母羊的光周期历史不同，雌性绵羊的生殖成熟是一个先天的过程，光周期变化在季节性繁殖中的作用是携带生殖活动的内源性变化，而不是直接驱动生殖功能的变化。因为环境光周期的变化或光信号的传导途径可以改变生殖活动的时间，但不能无限期地延迟。因此，春季出生的羔羊维持在恒定的长日照周期后，无法在正常时间启动生殖活动，这仅仅是因为春季出生的日照增加的过程中，没有产生足够的季节性光周期来携带其先天生殖成熟。而从夏至开始一直保持长日照周期的经产母羊能够在适当的时间开始生殖活动，因为它们先前经历了光周期的变化，这些变化导致了内生性生殖活动的变化。在秋季减少光周期的初始作用是为羔羊提供强大的引导信号。

　　总之，春季出生的羔羊对生殖期的光周期需求与成年绵羊的不同。羔羊必须在育成期的时间里减少光照时间，而在没有光照时间改变的情况下，经产母羊的生殖活动可能发生预期的同步变化。初产母羊和经产母羊的光周期机制基本相同，但由于初产母羊的光周期历史有限，导致对固定光周期的生殖反应不同。但是，仅通过人工方式进行照明时，或者当自然光照通过相对较亮的人工照明进行补充时，才观察到积极效果。因此，与较大光照度的漫射日光不同，人工照明可能需要昼夜之间有清晰的对比度，并且100lx或更低的光照度不足以被绵羊认为是"白天"。

基于以上观点，养羊生产中可采取人工光照技术提高羊的繁殖性能。有人尝试在2.5年内使用人工补充光照以8个月为间隔诱导母羊产羔。分别使用长自然光照（有角多塞特羊），中自然光照（克仑森林羊）或短自然光照（克里山羊）季节繁殖的经产母羊。人工配种后补充人工光照至光照时间为22h，人工光照的强度在43~118lx。之后在分娩时或分娩前40~50d的光照时间突然减少。在2.5年内，大多数母羊都产下了四胎，说明控制光照周期可调控母羊的繁殖活性。在另一项研究中，母羊在夏季（长光照周期）被转移到人工光控室内，分别提供8L：16D（24h）光照周期或6L：16D（22h）光照周期。8L：16D光照周期引起预期的早期发情，但6L：16D光照周期则无效。但需要注意的是，在春季对美利奴羊进行短光照周期处理后，试验羊发情率为87.3%，受胎率仅为21.4%，说明单纯采用短光照处理虽然发情率高，但受胎率很低。

（二）光照对育肥效果的影响

虽然光照对肉羊的影响主要体现在繁殖性能上，但是对肉羊的生长和育肥效果也会产生一定的影响。通过对中国70个山羊产地的气象数据和山羊BMI（体重/体长）进行了逐步多元回归分析，表明日照时数与山羊BMI呈负相关关系，即日照时数越长，山羊BMI越低。但是光照信息对肉羊生长的影响结果并不一致。

1. 短光照周期　一般在相同的采食量和相同的饲养管理水平

下，短光照制度和长光照制度相比，短光照下肉羊的增重速度要比长光照下的快，这是因为短光照可以减少肉羊活动，加速育肥。相对于羔羊育肥，老龄羊育肥时增加的主要是脂肪，且其代谢率比羔羊要低。因此，应适当缩短光照时间，可利于脂肪沉积。

2. 长光照周期　也有研究表明羔羊育肥时，应适当增加光照时间，如将羔羊分别饲养于长光照周期（16L∶8D）和短光照周期（8L∶16D）的3个温度环境（5℃、18℃和31℃）中，长光照周期羔羊日增重在相同温度条件下优于短光照周期。这是因为光信号通过视觉系统刺激羊只，兴奋神经系统，减少MLT和其他神经抑制递质的分泌，使羊只处于清醒状态，刺激其采食活动，延长了采食时间。在利兹大学的一系列研究中，也证实不论自由采食还是限饲，长光照周期（16L∶8D）羔羊体重增加都高于短光照周期（8L∶16D），且这部分增加主要是由于肠内填充，胴体更长、更宽，对皮肤、头部和腿部的重量也有影响。这些结果表明，长光照周期刺激了主要组织的生长，但内部脂肪不受光照周期的影响。

3. 持续长光照或连续照明　持续的长光照或连续照明虽然大大增加了采食时间，但似乎无法增加体重。尝试通过在自然条件下用人工光照将自然光周期延长至20L∶4D来刺激生长是不成功的。整夜给羔羊提供补充人工照明（24L∶0D），与仅在夜间使用灯光进行检查相比，或与12L∶12D光照周期相比，也没有增加体重，甚至减慢羔羊生长。因为采食量并不主要受羔羊看到食物的时间控制。

4. "脉冲式"光照周期　"脉冲式"光照周期与长光照周期具有相似的作用。分别将公羔羊饲养于8L∶16D、16L∶8D或7L∶9D∶IL∶7D（"脉冲式"光照周期）光照周期中。长光照周期和"脉冲式"光照周期均显著增加了体重和胴体重量，但对胴体品质没有影响。通过比较7L∶10D∶1L∶6D光照周期和8L∶16D光照周期对羔羊生长的影响，发现 7L：10D：1L：6D 光照周期羔羊体重增加也更大，但胴体重量并没有得到改善，但有趋于更大和更瘦的趋势。这与 16L：8D 光照周期的情况不同，活重和胴体重之间的差异并不是由于肠道填充增加造成的，而是由于其他非胴体成分如内脏、皮和头的少量增加造成的。这表明在黑暗的这个时间里，在短光照周期下脉冲式的短暂光照会引起长光照响应。因此，在黑暗阶段，长光照对生长的影响可能会被带有额外短光照周期所模仿。

控制肉羊的光照管理工作，包括光照周期和光照度的管理。育肥羔羊分别分两次提供 4h、8h、12h、16h、20h 和 24h 光照，12h 以上或以下的光照时间增重都明显减少，因此每日光照时间为 12h，羔羊日增重最快。光照度也对肉羊的增重速度有重要的影响，适当的光照度可以使肉羊的增重提高 5％左右，饲料转化率也有显著提高。但仅当通过人工方式进行照明时，或者当自然光通过相对较亮的人工照明进行补充时，才观察到了整日的积极效果。因此，光照有可能需要昼夜之间有清晰的对比度，并且 100lx 或更低的光照度不足以被动物记录为"白天"。并且一定要保持光照的稳定性，不可以忽长忽短、忽强忽弱。此外，羊舍的光照制度应以自然光照为主，辅以人工照明。排除自然光以实现可控的光照时长在商业条件下是不切实际的，因为人工光照所获得收益的微少增加并不能回报基础设施和电力消耗的投资。

第二节　国内外肉羊饲养光照环境
参数标准及研究进展

由于多数肉羊品种为季节性繁殖动物，肉羊养殖场采用人工光照干预并不能获得额外的收益。所以，肉羊舍多以自然光照为主，辅以人工照明。

一、自然光照

自然光照主要取决于羊舍的朝向和采光口的面积。我国大部分地区的羊舍多采用南向舍或偏南朝向舍，这样冬季有较多的光照进入舍内，也有利于羊舍的保温。由于我国纬度跨度大，各地地形地貌和气候条件不尽相同，结合通风和日照的要求，可确定各地畜舍的最佳朝向，具体可参照表4-2。我国农业行业标准和各地方标准都对羊舍朝向和采光面积提出了建议值（表4-3）。总体来讲，羊舍朝向以南向为主，偏东或偏西不超过45°。采光系数为1:（10~15）。窗户下缘高度应高于1.2m。张璐璐和王永康（2016）推荐羊舍采光系数为1:15，成年羊舍为1:（15~25），羔羊舍为1:（15~20），窗户下缘离地面高度为1.5m。羊只昼夜需要的光照时间：公羊舍和母羊舍为8~10h，妊娠母羊舍为16~18h。

表4-2　我国部分地区畜舍最佳朝向

地区	最佳朝向	适宜朝向	不宜朝向
武汉	南偏西15°	南偏东15°	西、西北
广州	南偏东15°，南偏西5°	南偏东25°，南偏西5°	西
南京	南偏东15°	南偏东15°，南偏西10°	西、北
济南	南、南偏东10°~15°	南偏西30°	西偏北5°~10°
合肥	南偏东5°~15°	南偏东15°，南偏西5°	西
郑州	南偏东15°	南偏东	西北
长沙	南偏东10°左右	南	西、西北
成都	南偏东45°至南偏西15°	南偏东45°至东偏北30°	西、北
昆明	南偏东25°	东至南至西	北偏东35°，北偏西35°
重庆	南、南偏东10°	南偏东15°，南偏西5°	东、西
拉萨	南偏东10°，南偏西5°	南偏东15°，南偏西10°	西、北
上海	南至南偏东15°	南偏东30°，南偏西15°	北、西北
杭州	南偏东10°~15°，北偏东6°	南、南偏东30°	北、西

（续）

地区	最佳朝向	适宜朝向	不宜朝向
厦门	南偏东 5°~15°	南偏东 22°，南偏西 10°	南偏西 25°，西偏北 30°
福州	南、南偏东 5°~15°	南偏东 15°以内	西
北京	南偏东 30°内，南偏西 10°	南偏东或南偏西 45°以内	北偏西 30°
沈阳	南、南偏东 20°	南偏东至东，南偏西至西	东北、东至西北、西
长春	南偏东 30°，南偏西 10°	南偏东 45°，南偏西 45°	北、东北、西北
哈尔滨	南偏东 15°	南至南偏东 15°，南至南偏西 15°	西、西北、北

资料来源：刘继军和贾永全，2018。

表 4-3 我国部分地区畜舍朝向、采光系数和窗台高度

地区	朝向	采光系数	窗台高度（m）	资料来源
内蒙古	坐北朝南或南偏东不大于 15°	≥1∶（15~16）	≥1.2	DB15/T 1971—2020
内蒙古	—	1∶15	1.3	DB15/T 1577.1—2019
新疆	坐北朝南	—	≥1.5	DB65/T 2023—2003
中国农牧区	坐北朝南或南偏东或南偏西不大于 15°	≥1∶（15~16）	≥1.2	NY/T 1178—2006
吉林	南偏东 5°~10°	—	—	DB22/T 2761—2017
云南	—	—	1.0~1.2	DB53/T 760.8—2016
山东	坐北朝南	1∶12	1.0~1.2	DB37/T 2807—2016
安徽	坐北朝南	—	—	DB34/T 2352—2015
四川	南北向，偏东或偏西不超过 45°	—	1.7~2.0	DB51/T 1854—2014
四川	坐北朝南或南偏东不大于 15°	≥1∶（15~16）	≥1.2	DB51/T 1832—2014
江苏	东西朝向，偏东或偏西不超过 30°	>1∶10	—	DB32/T 2564—2013
宁夏	坐北朝南或南偏东不大于 10°	—	—	DB64/T 749—2012
山西	南北朝向，偏东或偏西不超过 30°	1∶12	—	DB14/T 587—2010

二、人工照明

羊舍主要采用自然光照，需要辅助人工照明时，澳大利亚动物健康协会（Animal Health Australia，AHA）推荐室内的系统照

视频 5

明应足以检查所有的绵羊和山羊，自然光照或人工照明应适合室内饲养的所有绵羊和山羊。Berge（1997）则推荐必须让正常的日光通过窗户或半透明的采光板进入羊舍，同时必须安装工作照明以提供75～100lx 光照。国家标准《室内工作场所的照明》（GB/T 26189—2010）则规定家畜建筑内工作光照度为50lx，产羔畜栏工作光照度为200lx。此外国家标准《良好农业规范 第7部分：牛羊控制点与符合性规范》（GB/T 20014.7—2013）规定羊舍光照亮度以能够达到阅读报纸的标准，分娩羊舍保持全天候光照，但并未给出具体的光照度。中国标准化协会标准（T/CAS 242—2015）规定羊舍宜采用自然光照，使用人工光照时，羊头部水平位置的光照度为100lx，每天至少 6h 的连续黑暗或低水平光照以便羊休息。

我国地方标准也给出肉羊不同生长阶段光照度标准。山西省地方标准《牛羊规模化养殖场环境质量要求》（DB14/T 588—2010）推荐羔羊和成羊夜间均需提供大于 50lx 人工光照度。宁夏回族自治区地方标准《标准化羊场建设规范》（DB64/T 749—2012）推荐成年公/母羊需提供 75～100lx 光照度，育成羊为 50～75lx，断奶羔羊为 75～100lx，分娩哺乳区光照度为 100～120lx（表 4-4）。

表 4-4　地方标准中建议羊舍光照度

生长阶段	光照度（lx）	资料来源
羔羊	≥50*	DB14/T 588—2010
成羊	≥50*	

（续）

生长阶段	光照度（lx）	资料来源
成年公/母羊	75～100	
育成羊	50～75	DB64/T 749—2012
断奶羔羊	75～100	
分娩哺乳区	100～120	

注：* 光照度要求，具体是指夜间或无阳光条件下需要进行管理操作时，畜舍内人工补光的光照度要求。

颜培实和李如治（2011）推荐了肉羊不同性别及生长阶段的光照时间和人工照明光照度（表4-5）。

表4-5　羊舍的人工光照标准

羊舍（场）	光照时间（h）	光照度（lx）	
		荧光灯	白炽灯
母羊舍	8～10	75	30
公羊舍	8～10	75	30
断奶羔羊舍	8～10	75	30
育肥羊舍		50	20
产房及暖圈	16～18	100	50
剪毛站及公羊舍内调教场		200	150

资料来源：颜培实和李如治，2011。

综上所述，各地对于不同羊舍光照环境提供了有限的推荐值参数，且羊舍以自然光照为主要光照来源，辅助人工光照的强度和时长的资料有限且不统一。总的来说，羊舍光照环境对肉羊的生长和繁殖有一定的影响，但目前仍缺乏充足的有说服力的统一结论。

第三节　肉羊饲养光照环境参数推荐值

一、光源设备

肉羊舍光照仍以自然光照为主，光照度主要由羊舍朝向和窗户

面积决定，我国羊舍可采用南向舍或南偏东（西）不超过30°为宜，采光系数成年绵羊舍为1∶（15～25），高产绵羊舍为1∶（10～12），羔羊舍为1∶（15～20）。此外，结合太阳高度角和羊舍窗户上下缘高度，一般羊舍跨度大于12m时，羊舍内北侧可能无法获得充足的光照，此时可采用在羊舍房顶安装采光板或建设钟楼式或半钟楼式羊舍（图4-2），以满足羊舍光照。

　　人工照明灯具中白炽灯虽具有显色性好、光谱连续、使用方便等优点，但是因为光效低、能耗大等缺点，已逐步退出生产和销售环节，在肉羊现代化建设进程中已逐渐走向淘汰。目前肉羊舍中主要使用节能灯和直管荧光灯，其兼具节能性和经济性。此外，灯具需要配套合适的防尘、防水、防爆灯罩，以提高光照均匀度和使用寿命。因此，建议肉羊舍作为光源的灯具设备可选择配备三防灯罩且100％照明无闪光的荧光灯或LED灯。

图4-2　舍顶采光方式和半钟楼式羊舍

（资料来源：徐元庆，2020）

二、光照周期

目前,基于多数肉羊品种对光照的反应具有季节性节律,其光敏昼夜节律随季节性节律而变化。光照对肉羊生产的主要影响还是集中在繁殖性能上。母羊在经历过自然环境春夏季日照时间增长后,秋冬季日照时间的缩短会启动其生殖活动,以保证其子代出生后能够获得充足的食物。在实际生产中,理论上可以通过改变或逆转光周期来调节公羊和母羊生殖活动,但是这会增加养殖成本且收益甚微。所以,实际生产中公羊和母羊以自然光照为主,辅以人工照明。对于育成羊而言,因其有限的光照周期史,必须同样经历春夏季日照时间增长后,秋冬季短日照时间才会启动其生殖活动,所以育成羊同样要以自然光照为主。

光照时间过短,不利于断奶羔羊和育成羊的生产性能、健康发育和胴体品质。但光照时间过长,虽然会增加肉羊采食时间,但并不会增加其生长性能,而且长时间的光照会大大缩短肉羊休息时间,导致异常行为增加。相对长一些的光照时间能够增加育肥羔羊的采食时间,并促进其主要组织的生长。但同时应该保证育肥羔羊有充足的休息时间。因此,建议断奶羔羊舍和育肥舍的光照周期为(12D∶12L)～(18L∶6D)。

长光照周期的绵羊和山羊母羊比短光照周期母羊产出更多的母乳,即使减少母乳干物质,长日照母羊的母乳每天的能量含量也比短日照母羊的母乳更高。所以推荐哺乳羊舍内的光照周期为16L∶8D。

分娩羊舍每日以提供长光照时间为宜,以便于随时检查所有的羊,同时满足生产员工对光照的需求。建议分娩羊舍内光照周期为16L∶8D至全天候光照。

三、光照度

目前多数肉羊养殖场多采用自然光照为主，人工照明为辅的光照制度。其自然光照周期随着季节转换而变化，这可能导致暗期光照度不足。因此，有必要配备足够的照明设备，保证肉羊的正常采食时间及生理需求且满足工作人员对羊群的检查管理。建议成年公羊舍和母羊舍内的光照度以满足工作人员对羊只的检查管理为主，一般不低于75lx。育成羊因其有限的光照史，应避免过强光照扰乱其正常生殖活动的启动，应提供略低于成年母羊的光照度，以50～75lx为宜。

针对断奶羔羊和育肥羊，结合目前的研究结果和生产实际，推荐断奶羔羊光照度以75～100lx为宜，育肥羊舍光照度应不低于100lx。

哺乳羊舍的光照度应尽量满足母羊和羔羊的光照度需求，参照目前的研究，建议适宜的光照度为100～120lx。分娩羊舍人工光照度以工作需要光照度为主参考，以便于能够清楚检查所有的羊只，并能够进行管理操作。建议分娩羊舍内光照度为200lx。不同羊舍光照环境指标可参考表4-6。

表4-6　中国规模化养殖不同肉羊舍光照环境参数推荐值

羊舍类型	光照度（lx）[a]	光照周期（L：D）[b]
成年公羊舍	≥75	—
成年母羊舍	≥75	—
育成羊舍	50～75	—
断奶羔羊舍	75～100	（12～18）L：（12～6）D
育肥羊舍	≥100	（12～18）L：（12～6）D
哺乳羊舍	100～120	16L：8D
分娩羊舍	200	（16～24）L：（8～0）D

注：[a]光照度表示补充的人工照明强度；
　　[b]光照周期表示为光照时长（L）与黑暗时长（D）之比。

第五章
肉羊饲养密度与动物福利

饲养密度作为舍饲肉羊养殖的重要参数之一，与肉羊行为变化、健康与疾病发生、生产性能发挥及动物福利密切相关。也影响着肉羊养殖业的成本与利润（Caroprese 等，2015）。

第一节　饲养密度对肉羊生产与健康的影响

一、饲养密度对生产性能的影响

一般而言，绵羊无须过于精细化设计的圈舍条件，成年羊舍也无须额外保温措施。但对于寒冷地区舍饲肉羊养殖中，做好冬季圈舍防雪防风、保持干燥，特别是对于羔羊以及母羊产羔期间的舍饲环境与密度的要求仍然十分必要。

（一）舍饲条件下的饲养密度与羊的生产和健康关系密切

为探讨冬季气候条件下不同饲养密度对舍饲肉羊生长性能的影响，王磊等（2015）将体重相近的 6 月龄新疆阿勒泰大尾羊 F_1 代断奶羔羊随机分 $0.35m^2$、$0.7m^2$、$1.05m^2$ 和 $1.4m^2$ 共 4 个舍饲密

度组，在相同营养和饲养管理条件下育肥 45d。结果发现，虽然不同密度组羔羊的总采食量差异不显著，但最低密度组（1.4m²）羔羊平均日增重显著高于其他三组。最高密度组（0.35m²）的羔羊日增重最低，且饲养密度显著影响羔羊的体高、体长和胸深（王磊等，2015a）。邓先德等（2017）将体重相近的健康育成公羊 144 只随机分为 I 组（0.7m²/只）、II 组（1.05m²/只）、III 组（1.4m²/只）和 IV 组（1.75m²/只）共 4 个饲养密度组，每组养 36 只，进行 55d育肥试验，研究冬季不同舍饲密度对育成公羊生长性能、屠宰性能、内脏器官发育和饲养环境的影响。结果显示：I 组平均日增重和末重显著低于其他三组，且 II 组公羊体增重最高；II 组料重比极显著低于其他三组，而宰前活重极显著高于其他组；II 组净肉重、净肉率和肉骨比均显著高于 I 组。该研究还对不同饲养密度下的育肥效益进行了测算，在不计算人工和饲料成本的情况下，II 组经济效益最高。在寒冷季节的育肥羊适宜舍饲密度以 1.1m²/只左右为宜（邓先德等，2017）。

（二）饲养密度是影响母羊泌乳的关键因素之一

一般要求生产母羊的养殖密度为 0.9～1.9m²，从而保证母羊可以自由活动、躺卧、变换姿势以及休息时的反刍运动，密度过大则会影响肉羊的生长与生产。小于 2m²/只的养殖密度不利于母羊的健康和产奶性能，如产奶量、羊奶中的体细胞数和微生物数以及隐性乳腺炎的发病率（Wang 等，2016）。在英国绵羊养殖业中，大约 50% 以上的母羊产羔前都需进入产房环境，由于高密度、羊群社交因素的改变、饲喂程序变化等可能对妊娠母羊造成潜在的资源竞争和环境变化应激，导致母羊和其羔羊的行为改变。Leonor Valente 等（2018）对英国法律规定的饲养密度最高限值下的妊娠母羊对后代的影响进行研究，观察了羔羊行为、免疫、生长和表观遗传调节神经内分泌应激轴系统功能的影响。研究发现，在英国法律规定的妊娠母羊舍饲密度最高限值条件下，对其后代羔羊的行为、出生体重和免疫功能几乎无影响。因此，从农场管理的角度来看，英国规定的母羊最大舍饲密度不会损害羔羊福利。

二、饲养密度对行为和福利的影响

舍饲条件下，适当的养殖密度是促进动物行为与福利的重要因素之一。

（一）饲养密度对公羊动物行为的影响

Sec 等（2013）将体重相近的成年健康公羊按照低（$3.2m^2$/只）、中（$1.6m^2$/只）和高（$0.8m^2$/只）3 个密度进行分组，观察测定了公羊的竞争行为、探索行为、自理行为、异常行为、交配行为、运动行为、站立行为等行为变化，研究发现，整个试验过程竞争行为发生频率最高；饲养密度对公羊的探索行为、运动行为和站立行为具有显著影响。随着饲养密度增加，高密度组公羊的运动行为、探索行为显著低于中密度和低密度组，而站立行为高于中等密度组。这些因饲养密度改变而导致的行为变化对于动物福利可能会产生一定的影响，因此进一步研究各种行为变化对动物福利影响的重要性将有助于促进动物福利的生产系统的建立（Sec 等，2013）。

（二）饲养密度对母羊母性行为的影响

Yang 等（2015）研究了圈舍容积大小（大：$3m^2$/只；小：

1.5m²/只）对分娩后到断奶期间的小尾寒羊母羊的母性行为的影响。自母羊分娩后，定期测定体重变化。每天 6h 视频观察舔舐、整理被毛、羔羊随行行为及接受/拒绝哺乳、低沉叫声等行为的频率；每5d 测定一次母羊粪便中雌二醇和皮质醇的浓度。小圈舍空间组母羊的随行行为、整理被毛行为、哺乳时间及拒绝哺乳行为频率显著降低。

（三）饲养密度对绵羊福利的影响

张明等（2009）采用小尾寒羊公羊作为研究对象，研究了环境富集和饲养密度对其福利的影响。试验将 24 只小尾寒羊公羊分为高集约化模式（每8只羊占据面积为2m×2.4m，0.6m²/只，无运动场）、高集约化模式＋运动场模式（每8只羊占据面积为2m×2.4m，0.6m²/只，有运动场，无环境富集因素，面积为 7.5m×3.5m）和环境富集模式（每 8 只羊占据面积为 2m×2.4m，0.6m²/只，有运动场，面积为 16.5m×12.5m，运动场中竖立 6 根树桩，捆绑成木架，供羊啃食的草架等环境富集物），进行了为期60d 饲养试验，测定各组小尾寒羊的生长指标、体表清洁度、血液皮质醇浓度以及屠宰性状。虽然各组绵羊的末重、平均日增重、平均日采食量、饲料转化率差异不显著，但环境富集和适宜的饲养密度有提高绵羊生产性能的趋势。环境富集和适宜的饲养密度可以极显著改善绵羊体表清洁度。环境富集和适宜的饲养密度能显著降低第 37 天血清皮质醇浓度。因此，环境富集和饲养密度能在一定程度上可以提高绵羊福利。

（四）饲养密度对母羊福利和产奶性能的影响

Caroprese 等（2008）的试验选用 45 只科米萨尼亚母羊，分为

3组，每组15只，分为高密度组（1.5m²/只）、低密度组（3m²/只）和自由接触室外环境组（室内1.5m²/只＋室外1.5m²/只），研究两种不同饲养密度和饲养条件对母羊福利和产奶性能的影响。试验开始1个月时，给每组羊注射鸡卵白蛋白（OVA）一次，20d后再注射免疫一次。结果表明，饲养密度主要影响抗OVA的IgG浓度，低密度组母羊的抗OVA抗体滴度显著高于高密度组母羊；低密度组母羊游走活动也比高密度组母羊多。自由接触户外区域的母羊，其乳汁中的蛋白质含量更高，体细胞数更少；活动空间的减少会导致产奶量减少，乳汁中的体细胞数增多；增加母羊的活动空间和接触室外环境都能提高泌乳母羊的福利和生产性能。与低密度组（3m²/只）母羊相比，高密度组（1.5m²/只）母羊的体液免疫反应降低，产奶量低且奶品质差。相比室内圈养，自由接触室外的母羊细胞免疫反应更强，乳汁中的蛋白质含量更高，体细胞数也更低。因此，低养殖密度（3m²/只）的活动空间足以保证圈养母羊的福利和生产性能。

三、饲养密度对生理和健康的影响

（一）饲养密度对生理和健康的影响

于晓青等（2020）研究了不同饲养密度对湖羊生长性能、行为方式以及血液生理生化指标的影响。试验选取4月龄湖羊公羔108只，随机分成高密度组（HD：1.5只/m²）、中密度组（MD：1只/m²）和低密度组（LD：0.5只/m²）三组进行45d饲养试验。观察测定各组日增重、采食量、羔羊行为学指标、血液生理生化指标，发现中、低密度组羔羊增重和平均日增重均显著高于高密度组，但采食量无差异。高密度组羔羊游走时间显著高于中、低密度组，而躺卧时间则显著低于后者。高密度组羔羊血液白蛋白含量显

著低于中密度组羔羊，而球蛋白含量显著高于低密度组羔羊；且高密度组羔羊谷草转氨酶含量显著低于中、低密度组。高密度组羔羊血清 IgA、IgG 含量均极显著高于中、低密度组；而 SOD 活性和 GSH-Px 活性则极显著低于中、低密度组。试验结果表明，适当降低饲养密度可改善湖羊生理生化指标，提高羔羊身体免疫和抗氧化机能，有利于羔羊健康生长。

（二）长途运输中密度对生理和健康的影响

家畜的长途运输是畜牧业经济活动的组成部分之一（Warriss 等，2003）。长途运输过程中的动物活动空间受限会导致运输应激，动物常因颠簸、碰撞而导致损伤，产生生理应激，影响动物健康、福利甚至是畜产品的品质（Broom，2003；Knowles 等，1998；Teke 等，2014）。Teke 等（2013）对长途运输过程中不同装载密度（高装载密度组：0.2m²/只，33 只）和（低装载密度组：0.27m²/只，22 只）下的卡拉亚卡羔羊的某些生化应激参数和肉质特性变化进行了研究。经过约 130km、135min 的运输。在运输前和运输后分别采集羔羊血样。与低装载密度组羔羊相比，高装载密度组羔羊的血糖、乳酸、皮质醇、肌酸激酶、乳酸脱氢酶和丙氨酸氨基转移酶水平显著升高。高装载密度组运输造成羔羊的应激反应更强烈，但应激反应尚未影响肉品质。在安排装载密度时，在考虑降低运输成本的同时也应兼顾动物福利。

第二节　国内外肉羊饲养密度参数标准及研究进展

全世界仅有不足 1‰ 的绵羊是以集约化舍饲方式养殖（Krupová 等，2014）。畜禽的饲养密度（stocking density）概念本质属于动物集中度的概念，即舍饲条件下既保证家畜有足够的舒适活动空间，又保证不浪费土地面积的一种平衡的养殖方式。常用单位面积饲养动物的数量（只/m²、kg/m²），或单位动物所占有的面积［m²/（头·只）］来表示（程磊等，2018；马宝元，2020；原久丽等，2014）。早期舍饲肉羊对饲养密度要求不高，如在寒冷气候条件下的舍饲饲养密度断奶羔羊为 0.3m²/只，育肥

视频 6

羊为 0.5m²/只，体重 50～70kg 的繁殖母羊仅需 0.6～0.7m²/只（Berge，1997）。随着集约化畜禽养殖业的发展，饲养密度作为舍饲养殖的重要参数之一，直接关系到动物的疾病、健康与福利，还关乎养殖的成本、利润（谢英芳，2017）。肉羊的饲养密度因气候、品种、年龄、生长与生产阶段不同而变化（周长勋等，2009）。不同养殖标准（如常规养殖、福利养殖和有机养殖等）对饲养密度的要求也不尽相同。随着动物健康福利学研究的发展与进步和公众对动物福利关注度的提升，全世界针对肉羊饲养密度相关标准的制定和法制化建设日益加强。

一、中国饲养密度相关标准

目前，我国有一半以上的草地已经严重沙化退化，载畜量严重下降，而未退化的草地也因为饱和超载使用而诱发草原生态恶化，植被破坏等现象，造成了畜牧业的恶性循环（张目等，2004；朱美玲等，2012；萨依拉·胡斯满等，2018）。针对目前草地退化现状我国已经出台了禁牧、轮牧和草畜平衡政策（萨依拉·胡斯满等，2018）。这一政策的出台有利于草地和畜牧业的可持续发展，但在一定程度上制约和限制了牧区传统养羊业的发展。面对日益增长的畜牧产品的需求量，未来养羊业的发展只能在规模化、集约化上寻找突破口。在规模化、集约化养殖过程中饲养密度的优化及标准的

制定显得尤为重要。我国的标准化、规范化肉羊养殖研究工作不断加强（田献强，2014；刘香梅，2015；朱娅玲等，2016；裴俊涛，2018），国家和各地区及养殖行业也相继出台了一系列涉及肉羊饲养密度的国家和地方（企业）标准。2013年出台的《良好农业规范　第7部分：牛羊控制点与符合性规范》（GB/T 20014.7—2005）制定了集约化养殖的舍饲密度标准：成年母羊舍饲密度为：1.0m²/只、羔羊0.6m²/只、种羊1.5m²/只。中国标准化协会2015年制定了《农场动物福利要求》系列标准，对福利养殖条件下的肉羊饲养密度进行了规定：母羊1.7～2.1m²/只，妊娠2周以内母羊2.0～2.7m²/只，妊娠6周以内母羊2.7～3.3m²/只，初生羔羊0.15～0.4m²/只，育成羊1.1～1.5m²/只。内蒙古自治区在2018年颁布了《舍饲肉羊福利养殖技术规程》（DB15/T 1436—2018），该规程规定：育肥羊饲养密度需大于0.7m²/只，种公羊需大于1.5m²/只，空怀母羊需大于0.8m²/只，妊娠母羊需大于1.2m²/只，产羔母羊需大于2.0m²/只。自2005年起我国开始发布国家标准《有机产品生产 加工 标识与管理体系要求》（GB/T 19630—2011）》，至今已发布了第三版。其中在畜禽养殖部分中明确规定了肉羊养殖的饲养密度要求：室内成年羊为1.5m²/只，羔羊为0.35m²/只；室外成年羊为2.5m²/只，羔羊为0.5m²/只。然而，一直以来我国对肉羊饲养密度的法规相对欠缺。

二、国外饲养密度相关标准

为了保障家畜的福利，欧美国家普遍采用立法形式规定了舍饲绵羊的饲养密度。美国舍饲绵羊饲养密度规定，公羊和母羊为0.9～1.3m²/只，带羔母羊为1.1～1.5m²/只，断奶羔羊为0.7～0.9m²/只（Flanagan，1982）。美国马里兰州舍饲肉羊的饲养密度要求：繁殖母羊饲养密度为1.1～1.5m²/只，产房密度为1.5～

2.3m²/只，泌乳期带羔母羊舍为 1.5～1.9m²/只，而育肥羔羊舍为 0.7～0.9m²/只。如果舍饲绵羊圈舍有漏缝地板装置，或者有户外运动场、草场条件，饲养密度可适当增加。美国新墨西哥州规定开放式繁育羊舍饲养密度繁殖母羊为 0.9～1.1m²/只，带羔母羊为 1.1～1.5m²/只，育肥羔羊为 0.6～0.7m²/只。

英国饲养密度相关标准有英国环境食品和农村事务部的《家畜福利法案：绵羊》及其相关法律规定，将不同品种、年龄和母羊的生理状态和体重相结合，更加细化地制定了舍饲羊的饲养密度（UK，2002；Anonymous，2010；Eileen 等，2017）（表 5-1）。

表 5-1　英国舍饲羊饲养密度规定（m²/只）

类别	饲养密度
低地母羊（60～90kg，活体重）	1.2～1.4（妊娠期）
低地带羔母羊（至 6 周龄）	2.0～2.2
丘陵母羊（45～65kg，活体重）	1.0～1.2
丘陵带羔母羊（至 6 周龄）	1.8～2.0
羔羊（6～12 周龄）	0.5～0.6
12 周龄至 1 岁	0.8～0.9
公羊	1.5～2.0

加拿大安大略省硬地育肥羊舍饲养密度要求：母羊和公羊 1.4m²/只，羔羊 0.6m²/只。而繁育舍地板地饲养密度要求为：带羔母羊 1.4m²/只，干奶期母羊 0.9m²/只（Eileen 等，2017）。澳大利亚《动物关爱与利用实践法典》还规定了在使用羊做科学研究活动中要按照动物伦理委员会的规定保证试验羊健康良好，为其提供足够的栏舍空间，每只成年羊至少需要 1.5m²空间，从而保证羊的正常躺卧、休息以及反刍活动。印度肉羊舍饲养密度要求为：成年公羊和阉割羊 1.86～2.32m²/只，羔羊 0.56～1.1m²/只，成年母羊 1.1～1.5m²/只，妊娠及哺乳母羊为 1.86m²/只（Bhatta 等，2004）。

第三节　肉羊饲养密度参数推荐值

中国幅员辽阔，跨纬度较广，距海远近差距较大，加之地势高低不同，地形类型及山脉走向多样，因而气温和降水的组合不同，形成了多种多样的气候。例如，南方地区终年温和湿润；而西北地区，夏季高温多雨，冬季寒冷干燥。因此，根据当地气候、环境条件，须有针对性地设计适合该地区肉羊养殖户使用的羊舍。北方地区适合全封闭式、半棚式塑料暖棚羊舍；南方地区多采用开放式羊舍。加之中国的肉羊品种繁多，品种特性差异较大（Sanchez 等，2013；徐桂红，2018）。且养殖方式多样，包括草原放牧、放牧加舍饲以及农区全舍饲等（王磊等，2015b；张俊英等，2019）。因此，单一性的、整齐划一的饲养密度无法适应我国多种多样的肉羊养殖生产实践。参考国内外目前的主要舍饲饲养密度标准，推荐饲养密度参数值如表 5-2 所示。

表 5-2　肉羊饲养密度参数推荐值（m^2/只）

类别	饲养密度
繁殖母羊	1.0～1.4
带羔母羊	1.5～1.8
公羊	1.4～1.9
肥育羔羊	0.6～0.9

第六章
典型案例分析

一、内蒙古农业大学海流图园区教学羊场

（一）羊场简介

内蒙古农业大学海流图园区教学羊场位于土左旗北什轴乡海流村境内内蒙古农业大学海流图园区，地理坐标为东经 $111°22'30''$，北纬 $40°41'30''$。园区东距呼和浩特市西南二环 22km，北距 110 国道、G6 高速公路 9km，距内蒙古农业大学校区 34km，地理位置优越，交通便利。

内蒙古农业大学海流图园区教学羊场以教学科研为主，兼顾商业生产。场区建有种公羊、妊娠母羊、空怀母羊和后备母羊综合舍 1 栋，哺乳母羊和产房 1 栋，育肥羔羊舍 1 栋（图 6-1），共可饲养羊近 2 000 只。

（二）羊舍类型和朝向

该羊场均采用封闭式半钟楼式羊舍类型，种公羊舍区和产房为双列式，其余舍区均为单列式。该种封闭式羊舍最主要优点是与舍

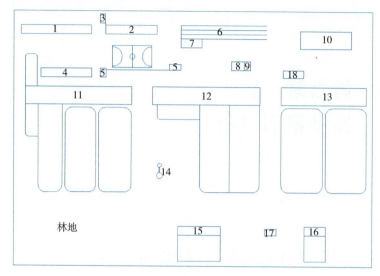

图 6-1　羊场平面示意（徐元庆绘）

1. 宿舍　2. 办公室、教室　3. 门卫　4. 实验室　5. 消毒更衣室　6. 青贮窖
7. 精料库　8. 饲料预混车间　9. 饲料搅拌车间　10. 干草棚　11. 种公羊、妊娠母羊、空怀母羊和后备母羊舍　12. 哺乳母羊舍和产房　13. 育肥羊舍　14. 药浴池
15. 新进羊隔离舍　16. 病羊隔离舍　17. 兽医室　18. 器械库

外环境隔离，人工控制舍内环境能力较强，可在使舍内保持较为舒适的温热环境，抵御外界不良环境因素的影响。特别是针对冬季较寒冷的内蒙古地区，一方面可以有效阻挡冬季冷风，提高体感温度；另一方面封闭屋顶设计可有效阻挡降水，特别是冬季降雪的影响，保证舍内较为舒适的温热环境。此外，羊舍均采用南向舍，除种公羊舍区因双列式设计，运动场位于南北两则，其余舍区运动场均位于羊舍南侧。这种设计一方面减少冬季冷风的不利影响；另一方面能够利用运动场冬季热辐射，为羊提供舒适的环境。

（三）光照

该羊场以自然光照为主，除产房辅以人工光照，以满足夜间工作需要，方便人工操作外，其他羊舍或羊舍内其他功能区均没有安装人工照明装置。光照度主要由羊舍朝向（均采用南向舍）和窗户面积决定。该羊场羊舍跨度均为12m，羊舍内北侧无法获得充足的光照。该羊场羊舍均采用半钟楼式羊舍（图6-2、图6-3），以满足羊舍自然光照。

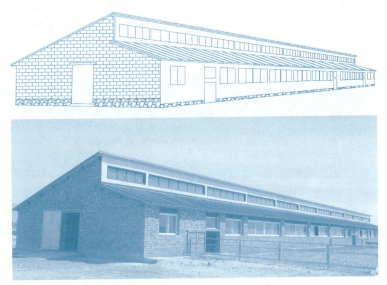

图6-2　哺乳母羊舍和产房的示意图（上）和实景照片（下）

该场羊舍光照以自然光照为主，光照度主要由采光系数决定。因要满足种公羊的充足的运动量，提高精液品质，种公羊区采用双列式设计，羊舍南北两侧均建设有运动场，采光主要依靠通道和钟楼采光板，采光系数为1∶20；后备母羊和空怀母羊区采用单列式设计，采光系数为1∶6.8；妊娠母羊区采用单列式设计，采光系数为1∶6.6（图6-4）；产房采用小型栏式设计，采光系数为1∶7.1；哺乳母羊舍采用单列式设计，采光系数为1∶8.0（图6-5）；育肥羔羊舍采用单列式设计，采光系数为1∶9.4（图6-6）。该羊场除种公羊区外，其他羊舍采光系数均高于采光系数推荐值，一方面是因为该场区羊舍（除产房外）未设计人工照明设施；另一方面该场区羊舍跨度均为12m，跨度较大，参照太阳高度角和窗户上下缘高度，南面窗户无法覆盖舍内光照，导致舍内北侧日光无法覆

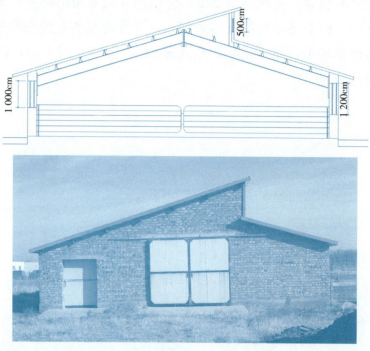

图 6-3　羊舍剖面示意（上）和实景照片（下）

盖，舍内光照不均匀。所以，羊舍均采用半钟楼式设计，能够增加采光均匀度。此外，该羊场羊舍南北窗户比例为（2.1～2.8）∶1，既能够保障南侧窗户有足够面积，从而保证足够的光照，又能够减少北侧窗户的冷风渗透，有利于舍内保温。

　　不同羊舍类型或羊舍内不同类型区的采光系数和南北窗比例详见表 6-1。

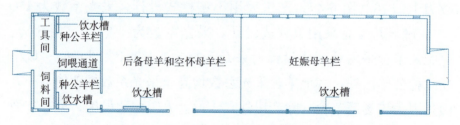

图 6-4　种公羊、妊娠母羊、空怀母羊和后备母羊综合舍平面示意

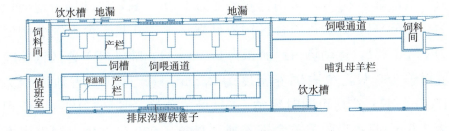

图 6-5　哺乳母羊和产房平面示意

图 6-6　育肥羔羊舍平面示意

表 6-1　不同羊舍采光系数

畜舍类型	采光系数	南北窗比例
种公羊舍	1：20	—
后备母羊舍	1：6.8	2.7：1
空怀母羊舍	1：6.8	2.7：1
妊娠母羊舍	1：6.6	2.8：1
哺乳母羊舍	1：8.0	2.1：1
产房	1：7.1	2.8：1
育肥羔羊舍	1：9.4	2.3：1

（四）饲养密度

该羊场采用有门窗封闭式羊舍散栏饲养模式，为保障羊只充足的活动空间和良好的环境，舍南侧建有面积较大的运动场（图 6-7）。种公羊舍区饲养种公羊 20 只，舍内饲养密度为 3.0m²/只，运动场占地面积为 20.0m²/只，以保证种公羊充足的活动空间，减少打斗，提高精液品质；后备母羊和空怀母羊舍区饲养后备母羊 100

只，空怀母羊 80 只，舍内饲养密度为 1.2m²/只，运动场占地面积为 5.5m²/只；妊娠母羊舍区饲养妊娠母羊 420 只，舍内饲养密度为 1.3m²/只，运动场占地面积为 6.2m²/只；哺乳母羊舍区饲养哺乳母羊 160 只，舍内饲养密度为 2.5m²/只，运动场占地面积为 15.7m²/只；产房可同时容纳 70 只母羊分娩，其产栏内占地面积为 2.6m²/只；育肥羔羊舍饲养哺乳母羊 1 000 只，舍内饲养密度为 0.7m²/只，运动场占地面积为 3.4m²/只。不同舍区均满足或超过羊推荐饲养密度，从而保证羊可以自由活动、躺卧、变换姿势以及休息时的反刍运动。

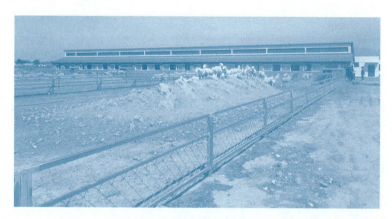

图 6-7　羊舍外运动场

不同羊舍类型舍内饲养密度和运动场占地面积详见表 6-2。

表 6-2　舍内饲养密度和运动场占地面积

类别	舍内饲养密度（m²/只）	运动场占地面积（m²/只）
种公羊	3.0	20.0
后备母羊	1.2	5.5
空怀母羊	1.2	5.5
妊娠母羊	1.3	6.2
哺乳母羊	2.5	15.7
产房	2.6	—
育肥羔羊	0.7	3.4

（五）饲养设备

1. 饲槽　该羊场将料槽设计于运动场围栏周边，饲槽的结构形式基本满足羊的采食行为习性（图6-8）。有利于羊以自然的姿势进行采食，保证羊的头部有自由活动的空间范围，同时能有效防止羊头前伸、前蹄进入饲槽等不自然姿势。另外，饲槽结构有一定的深度且内低外高，既便于羊的采食，又可防止饲料抛撒浪费。该料槽采用砖混结构或混凝土结构，能够保证饲槽抵抗羊损坏所需的强度。此外，料槽设计于运动场围栏周边，可保证每只羊在饲槽的采食宽度，减少优势序列对采食的妨碍，节制其攻击行为，从而减少争斗。

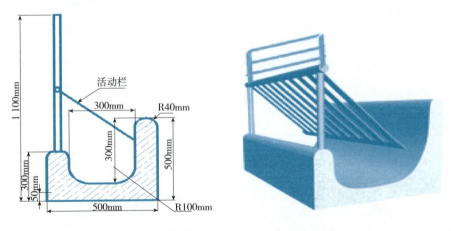

图 6-8　饲槽示意（左）和实景照片（右）

2. 草料架　在部分羊舍区（如哺乳舍）运动场临时放置草料架。草料架为活动式两用联合草料架，上部放置优质粗料，下部可放置精料进行补饲（图6-9）。该草料架既可使羊蹄不踏入草料架内，减少草料污染，又可使架内草料不落在地面和羊身上，减少草料浪费和羊毛污染。

图 6-9　草料架

二、甘肃庆环肉羊制种有限公司

（一）公司简介

甘肃庆环肉羊制种有限公司位于甘肃省庆阳市环县，是一家以肉羊育种、良种繁育、肉羊肥育为核心业务的高科技企业。公司2018 年成立，占地 430 亩，总投资 1.5 亿元，2020 年完成全部基础设施建设。该基地由中外专家团队共同设计，场内包含一个肉羊产业技术中心，一个存栏规模 20 000 只的专业化肉羊良种繁育场和一个年出栏 10 万只育肥羊的育肥场。羊舍建筑面积 55 000m²，全部采用漏粪地板羊床和机械清粪系统，自然与机械协同通风系统，种羊舍引进智能化机器人饲喂系统。该公司在羊舍布局、饲养管理、舍饲环境控制等方面均处于国内乃至国际领先水平。

达产后，该公司年生产良种肉羊种羊 1 万只，良种肉羊胚胎 1 万枚，良种肉羊冻精 500 万头份，出栏育肥羔羊 10 万只。

（二）羊舍类型与光照技术措施

甘肃庆环肉羊制种有限公司，羊舍采用多列封闭舍，羊舍尺寸为 126m（长）×32m（宽），内设 6 列羊床，羊床采取头对头与尾对尾式相间排列，两排头对头羊床中间为饲喂通道。多列封闭舍采用大跨度双坡脊形屋顶，无舍外运动场。多列封闭舍的优点是单位建筑面积饲养密度高，可降低投料劳动量；缺点是没有舍外运动场，影响繁殖母羊运动和日光浴。为解决日光浴问题，羊舍顶棚按 2∶1 比例（彩钢板与透光板间隔排列）设置透光板。舍内屋架上安装 LED 灯，夜间辅助照明（图 6-10）。

图 6-10　羊舍类型与光照技术措施

（三）温热控制设施与技术措施

甘肃庆环肉羊制种有限公司肉羊良种繁育场主要饲养以湖羊为主的绵羊，成年绵羊被毛厚实，耐寒怕热，但初生羔羊体热调节功能不健全，在出生1～2周需要较高的温度。而且冬季1—2月是母羊的产羔高峰期，为了解决母羊和羔羊对温度要求不同的问题，在每个分娩哺乳舍设置了一个羔羊保温箱（图6-11），箱内安装红外灯或铺设电热板作为热源，很好地解决了羔羊的保温保育问题。

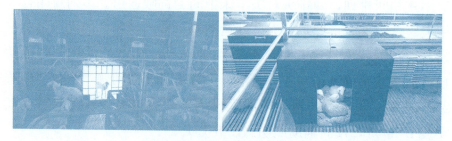

图6-11　哺乳舍的羔羊保温箱

甘肃省环县夏季气候干爽，羊舍主要通过打开窗户和辅助机械通风的方式，降低舍内气温。

（四）通风换气设施与技术措施

甘肃庆环肉羊制种有限公司羊舍尺寸设计为126m（长）×32m（宽），由于长度过大，纵向通风效果不理想，因此在羊舍两侧沿墙窗户下安装风机，采用横向负压通风（图6-12）。新鲜空气从屋顶钟楼式百叶板和沿墙上部通风百叶板进入，垂直下降，通过羊舍下部风机排出，能很好地起到通风换气、改善舍内空气质量和夏季降温的效果。

图 6-12　横向负压通风

（五）饲养密度与羔羊补饲技术措施

　　甘肃庆环肉羊制种有限公司良种繁育场采用封闭式羊舍散栏饲养模式，繁殖母羊舍内饲养密度为 $2.0m^2$/只，无室外运动场。为保证分娩母羊安全，每个圈舍设一个分娩栏，母羊分娩前进入分娩栏单独管理（图 6-13）。分娩后母羊移出分娩栏，分娩栏可作为羔羊补饲栏，从 10～14 日龄开始，采用羔羊专用补饲料，对羔羊进行教槽补饲。育肥舍饲养密度为 $1.0m^2$/只，无室外运动场，圈舍内设颗粒饲料饲喂箱，供肥育羔羊自由采食。

图 6-13　封闭式羊舍散栏饲养模式（左）与母羊分娩栏（右）

主要参考文献

阿达力·卡克马尔旦，2015. 舍饲养羊的关键技术 [J]. 养殖与饲料 (6)：36.

安立龙，2004. 家畜环境卫生学 [M]. 北京：高等教育出版社.

蔡丽媛，2015. 集约化羊舍的环境控制及热应激对山羊瘤胃发酵的影响 [D]. 武汉：华中农业大学.

蔡丽媛，张骥，於江坤，等，2015. 江淮地区漏缝地板-机械清粪系统羊舍环境检测及评价 [J]. 家畜生态学报，36 (12)：34-41.

陈德忠，2016. 影响羊育肥效果的环境因素 [J]. 现代畜牧科技 (5)：36.

程磊，郑重，谌颜，等，2018. 肉羊标准化养殖技术的要点及应用 [J]. 现代畜牧科技 (9)：29-29.

邓先德，宋魁，付秀珍，等，2017. 冬季不同饲养密度对湖羊育成公羊生长发育和舍内 CO_2、NH_3 浓度的影响 [J]. 中国畜牧兽医，44 (10)：2923-2930.

丁露雨，鄂雷，李奇峰，等，2020. 畜舍自然通风理论分析与通风量估算 [J]. 农业工程学报，36 (15)：189-201.

杜卫佳，张英杰，李发弟，2012. 羊热应激及营养调控 [J]. 中国草食动物科学 (S1)：102-104.

冯豆，梅洋，胡家乐，等，2017. 封闭式羊舍冬春季节有害气体的测定 [J]. 黑龙江畜牧兽医 (13)：118-121.

郭礼祥，王永军，黄艳平，等，2012. 控制光照对陕北白绒山羊体重和绒毛长度的影响研究 [J]. 家畜生态学报，33 (5)：20-22.

郭庆兰，伊毕格乐图，乌亚罕，等，2017. 控制光照对内蒙古白绒山羊褪黑激素含量的影响 [J]. 畜牧与饲料科学，38 (10)：19-22.

郭晓飞，陈俊，张子军，等，2014. 不同羊舍类型及饲养密度对山羊血清生化指标的影响. [J] 安徽农业大学学报，41 (4)：585-591.

胡延春，许宗运. 2002. 新疆绵羊环境调控措施探讨 [J]. 家畜生态，23 (1)：44-46.

黄昌澍，1989. 家畜气候学 [M]. 南京：江苏科学技术出版社.

李聪，2014. 不同浓度氨气对肉鸡生长性能及呼吸道黏膜屏障的影响 [D]. 北京：

中国农业科学院.

李金朋，王国军，赵天，等，2018.温度和相对湿度对山羊生长性能和血液指标的影响［J］.中国农业科学，51（23）：4556-4574.

李青旺，1985.光照与母羊生殖生理［J］.国外畜牧学（草食家畜），2：33-35.

李若玺，梅洋，刘文静，等，2017.不同材料的漏缝地板对羊舍环境及湖羊行为的影响［J］.黑龙江畜牧兽医（7）：5-10.

刘登群，胡志安，2004.中枢神经系统 H_2S 的作用及机制研究进展［J］.生理科学进展，35（2）：170-173.

刘继军，贾永全，2018.畜牧场规划设计［M］.北京：中国农业出版社.

刘香梅，2015.肉羊的标准化规模养殖技术［J］.中国畜牧兽医文摘，31（7）：77.

陆玉春，2017.畜舍的结构要求及类型［J］.现代畜牧科技（10）：136-137.

马宝元，2020.标准化肉羊养殖技术的概述［J］.农家致富顾问（6）：136.

欧阳宏飞，郑春霞，邵伟，等，2008.新疆冬季密闭羊舍的空气质量分析.家畜生态学报，29（3）：65-71.

潘赟，2016.基于 CC2530-WiFi 的羊场智能光照系统研究［J］.信息通信（2）：115-116.

裴俊涛，2018.肉羊标准化健康养殖技术探讨［J］.中国畜牧兽医文摘，34（5）：101.

蒲红州，2014.温热环境对猪采食行为及生理生化指标影响的研究［D］.雅安：四川农业大学.

邱伯根，1991.反刍动物光照与内分泌变化［J］.国外畜牧科技，18（5）：37-40.

萨依拉·胡斯满，吾门提·阿山别克，那孜古丽，等，2018.天然草场利用中存在的问题及改良建议［J］.今日畜牧兽医（2）：69-69.

尚玉昌，2014.动物行为学［M］.北京：北京大学出版社.

宋风莉，宋风琴，宋风敏，等，2018.浅谈环境因素对养殖业的影响［J］.吉林畜牧兽医，39（4）：55-56.

孙灵，姜勋平，刘桂琼，2020.光照和温度在大空间尺度下与山羊 BMI 的关系［J］.家畜生态学报，41（6）：74-78.

田猷强.2014.标准化肉羊养殖小区建设技术研究与应用［J］.畜牧兽医杂志，33（2）：62-63；66.

王国江，2020.影响肉羊育肥效果的环境因素［J］.现代畜牧科技，66（6）：30-31.

王国军，2018.温湿环境因子对肉羊生理指标及热休克蛋白表达的影响研究［D］.杨凌：西北农林科技大学.

王厚彬，2017. 环境因素对肉羊养殖的影响及其控制［J］. 现代畜牧科技（4）：32.

王磊，2015. 冬季舍饲密度对羊舍环境及肉羊生产性能影响的研究［D］. 石河子：石河子大学.

王磊，张永东，严天元，等，2015. 祁连山浅山区冷季肉羊暖棚全舍饲生产效益分析［J］. 畜牧兽医杂志，34（2）：17-19.

王忻，2009. 非繁殖季节光照控制对蒙古羊发情排卵和褪黑激素受体表达的影响［D］. 兰州：甘肃农业大学.

王忻，刘月琴，张英杰，等，2009. 光照控制诱导非繁殖季节蒙古羊发情排卵效果研究［J］. 中国畜牧杂志，45（7）：55-57.

温海霞，杨东有，王红，等，2019. 论环境对肉羊产业的影响［J］. 北方牧业（18）：19-20.

吴丽媛，刘斌，辛雷勇，等，2018. 内蒙古阿尔巴斯型绒山羊光控增绒效果分析［J］. 中国畜牧兽医，45（7）：1972-1977.

夏青，刘秋月，王翔宇，等，2018. 绵羊季节性繁殖分子机制及休情季节诱导绵羊发情配种技术［J］. 遗传，40（5）：369-377.

夏青，张金龙，狄冉，等，2020. 小尾寒羊和苏尼特羊从短光照到长光照过程中促黄体素和催乳素的变化特征［J］. 农业生物技术学报，28（3）：483-489.

谢英芳，2017. 舍饲肉羊养殖的饲养管理要点［J］. 养殖技术顾问（12）：33.

徐桂红，2018. 肉羊品种介绍及杂交改良技术［J］. 现代畜牧科技（5）：59.

徐菁，张明新，赵云辉，等，2019. 环境因素对羊繁殖性能影响的研究［J］. 家畜生态学报，40（4）：85-88.

颜培实，李如治，2011. 家畜环境卫生学［M］. 4版. 北京：高等教育出版社：72-79.

杨丁凡，楼鹏，张然，等，2020. 环境热应激对家畜胎盘和胎儿影响的研究进展［J］. 中国草食动物科学，40（5）：56-60.

杨皓，2016. 现代农业生产设施肉羊产业园羊舍优化设计及环境控制［J］. 中国草食动物科学，36（5）：69-76.

杨少超，2019. 影响舍饲肉羊生长速度的环境因素［J］. 现代畜牧科技（6）：50-52.

杨渗，倪颖，郑茹，等，2017. 几种物料在养羊垫料中观察试验［J］. 中国畜禽种业，13（9）：45.

姚中磊，2008. 不同氨气浓度对肉仔鸡生长、免疫和血液生理生化指标的影响［D］. 杭州：浙江大学.

于晓青，孟繁星，李鹏，等，2020. 不同饲养密度对湖羊生长性能、行为及血液生理

生化指标的影响 [J]．畜牧与兽医，52（11）：42-47．

张灿，2016．湿热应激对藏绵羊和山羊生产性能、瘤胃发酵及血液生化指标影响的比较研究 [D]．雅安：四川农业大学．

张春华，孙海洲，珊丹，等，2017．光照控制对蒙古国彩色绒山羊羯羊不同季节营养利用影响研究 [J]．畜牧与饲料科学，38（12）：23-26．

张俊英，王德宝，2019．自然放牧条件下不同肋骨数乌珠穆沁肉羊屠宰性能与肉品质分析 [J]．黑龙江畜牧兽医（16）：52-55．

张璐璐，王永康，2016．羊舍设计与建造技术 [J]．植物医生，29（4）：27-28．

张明，刁其玉，赵国琦，2009．环境富集和饲养密度对绵羊福利的影响 [J]．中国畜牧兽医，36（7）：17-20．

张目，朱国亮，2004．青藏高原高寒草地生态系统严重退化 [J]．草业科学，21（2）：56．

赵超，2014．光照方式和日粮能量水平对陕北白绒山羊生产性能和屠宰性能的影响 [D]．杨凌：西北农林科技大学．

赵天，王国军，张恩平，等，2018．氨气和硫化氢应激对肉羊免疫及抗氧化功能的影响 [J]．畜牧兽医学报，49（10）：2191-2204．

赵婉秋，陈黎，沈军达，等，2017．动物季节性繁殖机制研究进展 [J]．浙江农业科学，58（1）：150-155．

赵勇，沈伟，张宏福，2016．大气微粒、氨气和硫化氢影响动物繁殖机能和生产性能的研究进展 [J]．中国农业科技导报，18（4）：132-138．

赵有璋，2011．羊生产学 [M]．3 版．北京：中国农业出版社．

钟书，2019．温湿指数（THI）介导山羊瘤胃细菌群落的变化 [D]．杨凌：西北农林科技大学．

周长勋，李宁，2009．绒山羊种羊的福利饲养对种羊繁育体系建设的意义 [J]．现代畜牧兽医（10）：14-16．

朱美玲，蒋志清，2012．新疆牧区超载过牧对草地退化影响分析 [J]．草原与草业，21（2）：44-46．

朱娅玲，普建东，2016．肉羊标准化健康养殖技术探讨 [J]．当代畜牧（32）：47-49．

朱勇，张午霞，成建忠，等，2020．光照对崇明白山羊母羊繁殖性能的影响 [J]．上海畜牧兽医（1）：30-31．

孜耐提，买合布别木·黑力力，2015．羊舍氨气的危害与预防 [J]．新疆畜牧业（11）：28-30．

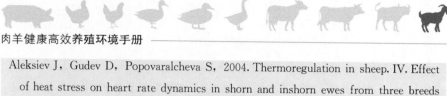

Aleksiev J, Gudev D, Popovaralcheva S, 2004. Thermoregulation in sheep. IV. Effect of heat stress on heart rate dynamics in shorn and inshorn ewes from three breeds [J]. Jornal of Animal Science, 31C (2): 187-193.

Appleman R D, Dblouche J C, 1958. Behavioral, physiological and biochemical responses of goats to temperature, 0 to 40° C [J]. Journal of Animal Science, 17 (2): 326-335.

Bassett J M, 1992. Effects of additional lighting to provide a summer photoperiod for winter-housed pregnant ewes on plasma prolactin, udder development and lamb birthweight [J]. Journal of Agricultural Science, 119: 127-136.

Baumgard L H, Rhoads J R, 2013. Effects of heat stress on postabsorptive metabolism and energetics [J]. Annual Review of Animal Biosciences, 1 (1): 311-337.

Beker A, Vanhooser S L, Swartzlander J H, et al, 2004. Atmospheric ammonia concentration effects on broiler growth and performance [J]. Journal of Applied Poultry Research, 13 (1): 5-9.

Berge E, 1997. Housing of sheep in cold climate [J]. Livestock Production Science, 49: 139-149.

Bhatta R, Swain N, Verma D L, et al, 2004. Studies on feed intake and nutrient utilization of sheep under two housing systems in a semi-arid region of India [J]. Asian Australasian Journal of Animal Sciences, 17 (6): 814-819.

Bianca R D, 2009. Hydrogen sulfide as a mediator of human corpus cavernosum smooth-muscle relaxation [J]. Proceedings of the National Academy of Sciences of the United States of America, 106 (11): 4513-4518

Brinklow B R, Forbes J M, 1984. Effect of extended photoperiod on the growth of sheep [M]. Netherlands: Manipulation of Growth in Farm Animals. Springer, Dordrecht, 260-273.

Broom D M, 2003. Transport stress in cattle and sheep with details of physiological, ethological and other indicators [J]. Dtsch Tierarztl Wochenschr, 110 (3): 83-89.

Caroprese M, Albenzio M, Sevi A, et al, 2015. The sustainability of agro-food and natural resource systems in the mediterranean basin [M]. Springer, Cham, 297-301.

Caroprese M, Annicchiarico G, Schena L, et al, 2008. Influence of space allowance and housing conditions on the welfare, immune response and production performance of dairy ewes [J]. The Journal of Dairy Research, 76 (1): 66-73.

Chojnacki R M, Judit V, Lise A, 2014. The effects of prenatal stocking densities on the fear responses and sociality of goat (*Capra hircus*) kids [J]. Plos One, 9 (4): e94253.

Clay P, Mathis, 2000. Sheep housing [M]. New Mexico university, 205-211.

Collier R J, Renquist B J, Xiao Y, 2017. A 100-year review: stress physiology including heat stress [J]. Journal of Dairy science, 100 (12): 10367-10380.

Cortus E L, Lemay S P, Barber E M, et al, 2018. A dynamic model of ammonia emission from urine puddles [J]. Biosystems Engineering, 99 (3): 390-402.

Cronje P B, 2000. Ruminant physiology: digestion, metabolism, growth and reproduction [M]. CABI Publishing.

Dacosta M J, Dasilva R G, Desouza R C, 1992. Effect of air temperature and humidity on ingestivebehaviour of sheep [J]. International Journal of Biometeorology, 36 (4): 218-222.

Dasilva W E, Leitejh G M, 2017. Daily rhythmicity of the thermoregulatory responses of locally adapted Brazilian sheep in a semiarid environment [J]. International Journal of Biometeorology, 61 (7): 1221-1231.

Daumar D, Saxena V K, Thirumurugan P, et al, 2017. Effect of high ambient temperature on behavior of sheep under semi-arid tropical environment [J]. International Journal of Biometeorology, 61 (7): 1269-1277.

Daucker M J, Bowman J C, 1972. Photoperiodism in the ewe 5. An attempt to induce sheep of three breeds to lamb every eight months by artificial daylength changes in a non-light-proofed building [J]. Animal Production, 14: 323-334.

Ebling F J P, Foster D L. 1988. Photoperiod requirements for puberty differ from those for the onset of the adult breeding season in female sheep [J]. Journal of Reproduction and Fertility, 84: 283-293.

Ebling J P, Wood R I, Suttie J M, et al, 1989. Prenatal photoperiod influences neonatal prolactin secretion in the sheep [J]. Endocrinology, 1: 384-391.

Elenkovi J, Webster E L, Torpy D J, et al, 1999. Stress, corticotropin-releasing hormone, glucocorticoids, and the immune/inflammatory response: Acute and chronic effects [J]. Annals of The New York Academy of Sciences, 876: 1-11.

Eltarabany M S, Eltarabany A A, Atta M A, 2017. Physiological and lactation responses of Egyptian dairy Baladi goats to natural thermal stress under subtropical environmental conditions [J]. International Journal of Biometeorology, 61 (1):

61-68.

Fehlberg A，Hansen M J，Liu D，et al，2017. Contribution of livestock h2s to total sulfur emissions in a region with intensive animal production [J]. Nature Communications，8 (1)：1069.

Fischer A，Kaiser T，Pickert J，et al，2017. Studies on drinking water intake of fallow deer，sheep and mouflon under semi-natural pasture conditions [J]. Grassland Science，63 (1)：46-53.

Fonseca V C，Saraiva E P，Maia S C，et al，2017. Models to predict both sensible and latent heat transfer in the respiratory tract of Morada Nova sheep under semiarid tropical environment [J]. International Journal Of Biometeorology，61 (5)：777-784.

Forbes J M，Brown W B，Albanna G M，et al，1981. The effect of daylength on the growth of lambs 3. Level of feeding，age of lamb and speed of gut-fill response [J]. Animal Production，32：23-28.

Forbes J M，Elshahat A A，Jones R，et al，1979. The effect of daylength on the growth of lambs. 1. Comparisons of sex，level of feeding，shearing and breed of sire [J]. Animal Production，29：33-42.

Forbesj M，1982. Effects of lighting pattern on growth，lactation and food intake of sheep，cattle and deer [J]. Livestock Production Science，9：361-374.

Gordon J G，Mcallister I K，1970. The circadian rhythm of rumination [J]. Journal of Agricultural Science，74 (2)：291-297.

Gross W B，Siegel P B，1973. Effect of social stress and steroids on antibody production [J]. Avian Diseases，17 (4)：807-815.

Hackett A J，Wolynetz M S，1982. Reproductive performance of confined sheep in an accelerated controlled breeding program under two lighting regimes [J]. Theriogenology，18 (6)：621-628.

Hackett M R，Hillers J K，1979. Effects of artificial lighting on feeder lamb performance [J]. Journal of Animal Science，49：1-4.

Herbosa C G，1995. Prenatal androgens modify the reproductive response to photoperiod in the developing sheep [J]. Biology of Reproduction，52 (1)：163-169.

Hernández C，Jiménez C，Acosta K Y，et al，2014. Comparing the dynamics of Toxoplasma gondii seroconversion in growing sheep kept on raised slatted floor cages or floor pens in Yucatan, Mexico [J]. Small Ruminant Research, 121 (2-3): 400-403.

Irfan T, Dursun A D, Semacan A, 2017. Protein based flushing related blood urea nitrogen effects on ovarian response, embryo recovery and embryo quality in superovulated ewes [J]. Theriogenology, 98: 62-67.

Johnson H D, 1987. Bioclimates and livestock [M]. 5th ed. Netherlands: World Animal Science.

Kabil O, Motl N, Banerjee R, 2014. H_2S and its role in redox signaling [J]. Biochim Biophys Acta, 1844 (8): 1355-1366.

Knowles T G, Warriss P D, Brown S N, et al, 1998. Effects of stocking density on lambs being transported by road [J]. Veterinary Record, 142 (19): 503.

Kreuzer M, Wettstein H R, et al, 2002. Rumen fermentation and nitrogen balance of lambs fed diets containing plant extracts rich in tannins and saponins, and associated emissions of nitrogen and methane [J]. Arch Tierernahr, 56 (6): 379-392.

Krupová Z, Krupa E, Wolfová M, et al, 2014. Impact of variation in production traits, inputs costs and product prices on profitability in multi-purpose sheep [J]. Spanish Journal of Agricultural Research, 90 (5): 1562-1569.

Lemet M D, Tittoe A L, Titto C G, et al, 2013. Influence of stocking density on weight gain and behavior of feedlot lambs [J]. Small Ruminant Research, 115 (1/2/3): 1-6.

Lewis R J, Copley G B, 2018. Chronic low-level hydrogen sulfide exposure and potential effects on human health: A review of the epidemiological evidence [J]. Critical Reviews in Toxicology, 45 (2): 1-31.

Lincoln G A, 1992. Photoperiod-pineal-hypothalamic relay in sheep [J]. Animal Reproducrion Science, 28: 203-217.

MaraiF M, Eldarawany A, Fadiel A, 2007. Physiological traits as affected by heat stress in sheep: A review [J]. Small Ruminant Research, 71: 1-12.

Masi A D, Marinis E D, Ascenzi P, et al, 2019. Nuclear receptors CAR and PXR: Molecular, functional, and biomedical aspects [J]. Molecular Aspects of Medicine, 30 (5): 297-343.

Mcmillen I C, Walker D W, 1991. Effects of different lighting regimes on daily hormonal and behavioural rhythms in the pregnant ewe and sheep fetus [J]. Journal of Physiology, 442: 465-476.

Ortavant R, Bocquier F, Pelletier J, et al, 1988. Seasonality of reproduction in sheep and its control by photoperiod [J]. Australian Journal of Biological Sciences, 41: 69-85.

Phillips C J, Pines M K, Latter M, et al, 2012. Physiological and behavioral responses of sheep to gaseous ammonia [J]. Journal of Animal Science, 90 (5): 1562.

Phillips C, Piggins D, 1992. Farm animals and the environment [M]. CAB International Wallingford UK: 93-110.

Ramanad B V, Pankaj P K, Nikhila M, et al, 2013. Productivity and physiological responses of sheep exposed to heat stress [J]. Journal of Agrometeorology, 15: 71-76.

Rathwa S D, Vasava A A, Pathan M M, et al, 2017. Effect of season on physiological, biochemical, hormonal, and oxidative stress parameters of indigenous sheep [J]. Veterinary World, 10 (6): 650-654.

Ribeiro N L, Costa R G, Pimenta, et al, 2016. Adaptive profile of Garfagnina goat breed assessed through physiological, haematological, biochemical and hormonal parameters [J]. Small Ruminant Research, 144: 236-241.

Romeror D, Montern, Pardo A, et al, 2013. Differences in body temperature, cell viability, and HSP-70 concentrations between Pelibuey and Suffolk sheep under heat stress [J]. Tropical Animal Health and Production, 45 (8): 1691-1696.

Saha C K, Ammon C, Berg W, et al, 2013. The effect of external wind speed and direction on sampling point concentrations, air change rate and emissions from a naturally ventilated dairy building [J]. Biosystems Engineering, 114 (3): 267-278.

Sanchez M, Vieira C, Fuente J, et al, 2013. Effect of season and stocking density during transport on carcass and meat quality of suckling lambs [J]. Spanish Journal of Agricultural Research, 11 (2): 394-404.

Sevi A, Annicchiarico G, Albenzio M, et al, 2001. Effects of solar radiation and feeding time on behavior, immune response and production of lactating ewes under high ambient temperature [J]. Journal of Dairy Science, 84 (3): 629-640.

Sharma S, Ramesh K, Hyder I, et al, 2013. Effect of melatonin administration on thyroid hormones, cortisol and expression profile of heat shock proteins in goats (Capra hircus) exposed to heat stress [J]. Small Ruminant Research, 112 (1-3): 216-223.

Sivakumara V N, Singh G, Varshney V P, 2010. Antioxidants supplementation on acid base balance during heat stress in goats [J] . Asian-Australasian Journal of Animal Sciences, 23 (11): 1462-1468.

Teke B, Ekiz B, Akdag F, et al, 2014. Effects of stocking density of lambs on biochemical stress parameters and meat quality related to commercial transportation [J] . Annals of Animal Ence, 14 (3): 611-621.

Todd R W, Andy C N, Nolan C R, 2006. Reducing crude protein in beef cattle diet reduces ammonia emissions from artificial feedyard surfaces. [J] . Journal of Environmental Quality, 35 (2): 404-411.

Wang F X, Shao D F, Li S L, et al, 2016. Effects of stocking density on behavior, productivity, and comfort indices of lactating dairy cows [J] . Journal of Dairy Science, 99 (5): 3709-3717.

Warriss P D, Brown S N, Knowles T G, 2003. Assessment of possible methods for estimating the stocking density of sheep being carried on commercial vehicles [J] . Veterinary Record, 153 (11): 315-319.

Xin H, 2012. A high-resolution ammonia emission inventory in China [J] . Global Biogeochemical Cycles, 26 (1): 271-285.

Yang S J, Li F K, 2015. Pen size and parity effects on maternal behaviour of Small-Tail Han sheep [J] . Animal an International Journal of Animal Bioscience, 9 (7): 1195-1202.

图书在版编目（CIP）数据

肉羊健康高效养殖环境手册 / 张恩平，杨雨鑫主编 .
—北京：中国农业出版社，2021.6
　（畜禽健康高效养殖环境手册）
　ISBN 978-7-109-23996-8

　Ⅰ．①肉…　Ⅱ．①张…②杨…　Ⅲ．①肉用羊－饲养
管理－手册　Ⅳ．①S826.9-62

中国版本图书馆 CIP 数据核字（2021）第 149510 号

中国农业出版社出版

地址：北京市朝阳区麦子店街 18 号楼
邮编：100125
策划编辑：周晓艳　王森鹤
责任编辑：王森鹤　周晓艳
数字编辑：李沂航
版式设计：杜　然　责任校对：吴丽婷
印刷：北京通州皇家印刷厂
版次：2021 年 6 月第 1 版
印次：2021 年 6 月北京第 1 次印刷
发行：新华书店北京发行所
开本：700mm×1000mm　1/16
印张：8.5
字数：140 千字
定价：42.00 元
